KUWEI
酷威文化
图书 影视

基因宇宙

[澳] 埃德文·柯克 著

张庆美 译

The
Genes
That
Make
Us

四川文艺出版社

献给我挚爱的父母——罗宾·恩菲尔德·柯克与罗莎莉·萨克斯比，
感谢他们给予我生命及对我的抚育之恩。

写在前面

本书讲述了很多我接诊过的病人的故事。为保护患者隐私，我对这些内容进行了大幅调整，有时会将多个病人的故事整合在一起。书中所有的故事都真实发生过，我这么做只是希望这些内容不具有任何针对性。有一种情况除外，如果某个病人的故事已在相关医学文献中刊载过，通常我会保留该版本中的关键信息。此外，有些故事的主人公，如杰西·基辛格（Jesse Gelsinger）和麦肯齐·卡塞拉（Mackenzie Casella），并不是我的病人，但关于他们的故事，已有详尽的报道。麦肯齐的父母也读过并同意我在本书第十一章中讲述他们女儿的故事。

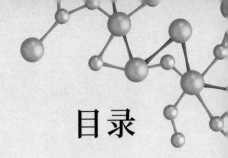

目录

序言

凡是过往，皆为序章

遗传学带我游览了一些意想不到的地方：有堆满数百箱老鼠的地下室；位于巴基斯坦及悉尼市郊的清真寺；还有成百上千人会聚一堂的舞厅，当时每个人面前都摆着两小杯"毒药"。

不过，通常情况下遗传学家的日常在外行看来也并没有什么特别之处。我们的生活充斥着各种会议和文书工作。和其他医生一样，我们会在诊室里坐诊，不时也会查房。我们的实验室里除了高科技检验设备，就是再普通不过的办公空间，而那些所谓的高科技检验设备也并不起眼。也许偶尔会有那么一两台具有未来感的设备，但我们使用的大多数设备都不过是传统的"四四方方、平平无奇的灰色物件"罢了。

然而，你千万不要被这些表象迷惑。如今，遗传学领域正发生着许多令人瞩目的变化，一场革命悄然兴起，已颠覆了医学的某些领域，并正在向其他领域延伸。相信用不了几年，基因组测序就会变成一项日常操作。也就是说，如果你还没尝试过，机会很可能马上就要来了。再过十年二十年，你的家庭医生会掌握你的遗传信息，它将同你的血压、体重及用药记录一样，构成健康档案的一部分。

"你认为十年后自己在做什么？"这是一道典型的职场面试题。如果这个问题的对象是一位临床遗传学家，答案往往是：十年之后，这个专业将逐渐消亡。究其原因，并不是遗传学将变得不那么重要，恰恰是因为它太重要了。未来几乎所有的医生都要精通遗传学知识，只懂遗传学的医生将无用武之地。这样的预言我已听了近四分之一个世纪，时至今日似乎变得有些遥不可及。事实上，真正开始接触遗传学的专科医生少之又少，其中主要是神经科医生，也有一些心脏病学家、内分泌学家等。

医学的进步如此之快，大多数医生专攻各自的领域都已焦头烂额，根本无暇顾及遗传学领域的相关动态。此外，尽管我们的群体已日渐壮大，但毕竟基数很小，所以我们遗传学家还不怎么为人所知。很多时候，其他专科医生也搞不清楚遗传学家是做什么的。

我们到底做什么呢？不同于一般的专科医生，我们的病人并不局限于某个年龄段，我们看的病也不局限于某个器官。有时，我们要在新生命孕育之前就提前干预；有时，我们的病人是尚未出世的胎儿。婴儿、儿童和备孕的成年人都可能是我们接诊的对象。此外，来找我们看病的还有孩子的祖父母，他们或是在晚年患上某种遗传病，或是为了通过基因检测查明是否携带了某个家族致病基因。有时候，一个人的第一次基因检测在他去世后才完成。正如我的同事大卫·莫瓦特（David Mowat）所说，我们不仅要像全科医师那样守护"从子宫到坟墓"的生命之旅，还要守护"从精子到蠕虫"的整个基因宇宙。

将我们的病人联系在一起的当然是基因，尤其是遗传性疾病。我们要解答的往往是最基本的问题。例如：我们怎样才能孕育一个健康的孩子？是什么导致了我孩子的心脏病？我会不会像我的父亲和爷爷那样患上亨廷顿病（Huntington disease, HD）？

人们问起这种问题的时候，实则也是让我们走进他们的人生。这往往是他们一生中最为难熬的时光，充满了失落与悲伤。与遗传学打交道的这些年里，我有幸走进了成千上万人的人生。对我来说很幸运的一点，也正是在这段时期，我们对遗传学的认识实现了空前飞跃，探索基因宇宙的脚步日渐加快。

我与遗传学的缘分要从 20 世纪 90 年代中期说起。那时我还是一名初级医生，在悉尼一家儿童医院的重症监护室工作。我的一个病人是患有先天性心脏病的婴儿。她长得格外瘦小，而且似乎不愿意自主呼吸，必须依赖机器维持生命。

终于，基因检测结果出来了，院里马上召集了会议，会上将由一位临床遗传学家向孩子的父母交代病情。这样的会议通常也需要重症监护室的医生出席，而那天我碰巧在场。那是那对年轻的父母此生最黑暗的一天。

那位临床遗传学家就是安妮·特纳（Anne Turner）博士。之后，她成了我的同事，也是我最好的朋友之一。安妮聪慧、善良、忠诚，酷爱旅行，热爱生活。她是位和善的母亲，如今也是位慈爱的祖母。那时，我只知道她是我的前辈，在一个小众而又有些神秘的医学领域，她是受人崇敬的专家。

与我不同，安妮对我们的第一次见面并没有什么特别的印象，毕竟当时她的注意力都集中在自己艰巨的任务上。她要告诉那对年轻的父母，他们的女儿就要离开他们了。

基因检测结果显示，小女孩儿体内多了一条 13 号染色体。这是一种叫帕陶综合征（Patau syndrome）的先天性染色体异常，患儿通常体形很小，并常伴有心脏病、脑畸形或其他发育缺陷。他们的大脑无法正常运作，甚至不能维持正常的呼吸。几乎所有帕陶综合征患儿都活不过一岁，而他们中的大多数会在出生后的几周，甚至几天内夭折。即使有极少数患儿能够幸存下来，他们也会患有严重的智力缺陷及其他健康问题。

这一诊断解释了我们力图治疗的所有症状，特别是对一个无法自主呼吸的孩子来说，这意味着前途艰难万险。

告知坏消息很难。父母听到关于他们孩子的坏消息时的那种震惊与悲恸无以言表。在场的每一个人看在眼里，疼在心里。传达这一消息的人无疑要承受巨大的压力，部分原因是你总会有一种难以摆脱的"负罪感"，觉得痛苦是自己造成的。有时候，经过一段时间的相处，你已经了解并喜欢上了你要"伤害"的那个人，但即使面对一个刚刚认识的人，传达这样的消息又谈何容易。

那么，彼时彼刻目睹了这一切的我，为何没有对遗传学敬而远之，反而心生向往呢？在我看来，主要是安妮的处事方式感染了我。她的温柔体贴让一切来得没有那么直截了当。她先解释了什么是染色体，多一条染色体会怎样，紧接着又具体说明了对那个小女孩而言这意味着什么。孩子的一位家长问能不能去除那条多余的 13 号染色体，治好孩子的病。安妮耐心地解释说，自怀孕时起，这个问题就已存在于这个孩子体内的每一个细胞中,因而无法改变。她懂得何时倾听,何时表达自己的想法。她理解这对夫妇对女儿的爱,也能体会他们此时的痛,但她并没有给他们虚假的希望。当最先进的科学与最深刻的人性碰撞,医者该何去何从?那天,安妮为我上了生动的一课。

我写这本书的目的,就是想通过分享那些命运与遗传学息息相关的人的故事,传递人类遗传学中的人性之光。如果你是为了科学而来,请接着读下去——遗传学是迄今为止最富魅力的现代科学,而你可以在本书中收获大量的科学知识。

人类遗传学的故事,首先是关于人的故事,是基因宇宙统治下的人生百态和百态人生。这样的故事映照着你我,但有一些人的故事比较特别,基因对他们的影响要强大甚至残酷得多。它是那个命运自孕育时起就被宣判的婴儿的故事,也是那位透过实验室的显微镜解读小女孩生命密码的科学家的故事。它是安妮的故事,也是我的故事,同样是那些第一次知道什么是染色体及其与疾病关系的人的故事。

也许最重要的是,它是两位年轻父母的故事,痛失幼女使他们悲痛欲绝,但有了对基因宇宙的了解与认识,他们又能够鼓起勇气面对未来。

第一章 比你想的简单

柯克教授让遗传学像 ACGT 一样简单。

——谢默斯·柯克①

---

① 我的儿子可能并不是个完全公正的评论家。——如无特殊说明，注释均为原注。

　　我的朋友兼同事史蒂夫·威瑟斯（Steve Withers）也是一位遗传学家，他经常说别人的大脑"有一颗行星那么大"。很多人觉得研究遗传学令人头大，它似乎总给人一种高深莫测的感觉，但事实证明这完全是假象。遗传学其实非常简单，如果你能够在高中毕业之前轻松驾驭小学数学，那么掌握遗传学的要领也不在话下。

　　为什么人们会觉得遗传学很难呢？也许只是因为它包含了大量的细节。遗传病有成千上万种，它们的严重程度各不相同，很多病症之间还会相互交叠。要想充分认识遗传疾病，了解细胞的工作机制必不可少，而其中又包含了海量的信息。不过，这都是信息的叠加罢了，其中的每一部分理解起来都很容易。

　　要证明这点不难。遗传学中最重要的信息，也许莫过于 DNA 与蛋白质的关系。这种关系和字母与单词的关系类似，但要简单得多。论据如下：

　　人体内的很多物质都由蛋白质构成。蛋白质是构成人体细胞的基本物质，也是细胞间质的组成成分。人体的任何生命活动都离不开蛋白质的参与。打个比方，假如你体内的细胞想要造一辆汽车，它需要的每一个机械配件和电子零部件都是由蛋白质构成的，而且不仅仅是这些零件，连你用于停放汽车的车库也是如此。蛋白质本身则是由氨基酸组成的。

　　脱氧核糖核酸（DNA）是一种携带遗传信息的化学物质。这些信息用只有四个字母的字母表记录，即 A、C、G、T。它们分别代表腺嘌呤（adenine）、胞嘧啶（cytosine）、鸟嘌呤（guanine）和胸腺嘧啶（thymine）

四种碱基（nucleobases）[①]，是 DNA 的化学组成部分。

　　与英语不同，DNA 的语言只有 21 个单词。它们的拼写通常包含 3 个碱基——这是一种三联体密码。在英文中，"CAT"是一种毛茸茸的宠物，但在 DNA 语言中，它代表的是一种叫组氨酸（histidine）的氨基酸。这套语言中一共有 20 种氨基酸，而第 21 个单词是"终止"。基因是编码特定蛋白质的一段 DNA 序列。也就是说，它是一串三联体密码，表示"先是一个组氨酸"，"再加一个甘氨酸（glycine）"，然后"再来一个脯氨酸（proline）"："好了，停！"

　　你可以把碱基看作字母，氨基酸的名字就是它们拼成的单词，基因则是最终连成的句子。每个句子都说明了如何合成某个特定蛋白质，而每个 DNA 分子中都包含了很多这样的句子。可以说，这是一本《人体建造指南》。

　　遗传学的基本原理，仅此而已。这比学习阅读简单得多，6 岁的孩子就能轻松掌握。更好的一点是，你不需要真正去学习这门语言——你只需要知道它有一套既定的法则，理解其中的原理就足够了。我研究了 20 多年遗传学，只知道三四个密码子的拼写，其他的我会在需要时查找。

　　读到这儿，即使之前从未接触过遗传学，你现在也已经掌握了遗传学中最为复杂的概念。除此之外，都是一些细枝末节。

　　幸运的是，遗传学不仅简单，而且特别有趣。染色体（chromosome）就是个很好的例子。

　　染色体是 DNA 在我们细胞内的存在形式，其构造十分特别。

　　学习遗传学有一大鲜为人知的好处，那就是你有机会亲自制备和检验自己的染色体。谁能放过这样的机会呢？但今天的医学生没有这样的机会，因为他们害怕自己会发现一些不想知道的东西。这可真是个遗憾，要知道透过显微镜近距离地观察自己的基因组很有满足感。我想这种感觉或许有点像动完手术后通过手术视频察看自己的心脏，只不过省去了开膛的麻烦罢了。

---

① 你可能更熟悉"核苷酸"（nucleotide）这一术语，它是构成核酸的基本结构单位。

基因组是生物体所有遗传物质的总和，任何有生命的个体都有自己的基因组，包括你、我、鼻涕虫、你午餐吃的沙拉里的甘蓝，甚至餐厅服务员指甲里的微生物①。此外，细菌、原生动物和真菌都有各自的基因组，病毒也不例外。从细菌到一切比细菌更为复杂的生物体，基因组都以染色体的形式存在。不同物种的染色体数量差异很大，而生物体的复杂程度与其染色体的数量之间并没有明显的关联。关于细菌，我可以肯定地说，它们只有一两条聚集在一起的环状染色体。雄性杰克跳蚁②的结构比细菌复杂得多，但同样也只有一条染色体，而大西洋多眼灰蝶竟有450条染色体。

如果细胞正处于分裂中期，染色体集中排列在赤道板上，形态结构稳定，数目清晰，观察起来最为容易。人类（大多数情况下）有23对染色体。更具体一点，它们是46条存在于你体内数以万亿计的细胞中、总长约2米的细长DNA链。2米听起来也许不算长，但你可别忘了，储存了几乎所有细胞DNA的细胞核，它的直径只有六百万分之一米。如果说细胞核和你家客厅一样大，而DNA是由绳子组成的，那么你的客厅里就会有根长达1000千米的绳子——足够从伦敦延伸至柏林，或者从旧金山延伸到波特兰。

大多数时候，这根"绳子"并不会紧密地捆绑在一起。它是一根纤细的游丝，在细胞核中延展和盘绕。它不是完全松散的，而是缠绕在一种被称为组蛋白（histone）的蛋白质周围。这种DNA与蛋白质的结合体被称为染色质（chromatin），它是破解生命奥秘的钥匙。

众所周知，DNA是信息的载体。这些信息代代相传，穿越漫长的时光。你的DNA不是一朝一夕形成的，而是一长串事件共同作用的结果，这一过程跨越了数十亿年，从来不曾中断。其间，它被复制了一遍又一遍，一些微妙的变化也在悄然发生。这个故事要从某片我们遗忘已久的

① 呃，有画面了。
② 杰克跳蚁（jack jumper ants），学名多毛牛蚁，是一种生活在澳大利亚的蚂蚁，其惊人的弹跳能力使它们获得了"杰克跳蚁"或"跳虫杰克"的名号。——译者注

海洋说起，那片温暖的浅海孕育了最原始的生命。自那时起，你的 DNA
开始了漫长的演化之旅。从哺乳动物到原始人，再从整个人类的存在直
到你的出现，这一路走来的记忆都铭刻在了你的 DNA 里。我们的大脑也
许会遗忘，但我们的基因不会。

与遗传学打了一段时间的交道后，我发现每条染色体都有自己的"性
格"。与其说这是一种个性，不如说这是有人提起某条染色体时我的脑
海里马上闪现的东西。1 号染色体靠近顶部的部分有一块灰白色的区域。
如果在受孕时将其中一条染色体上的这个区域去掉，那么这个孩子就会
有智力障碍并伴有独特的面部特征，如深陷的眼睛和低垂的耳朵。7 号
染色体上有导致囊性纤维化 ① 的基因位点，当时为了找到这个基因，还
掀起了一场国际竞赛（这场角逐的最终赢家是当时在多伦多工作的加拿
大籍华裔人类遗传学家徐立之 ②）。乳腺癌 1 号基因（BRCA1）是一种与
遗传性乳腺癌直接相关的基因，它位于第 17 号染色体上。寻找这个基因
的竞争更加白热化，直到今天，这场争夺战的余烟仍未消散，专利权之
争仍在上演，对人们的生活也产生了深远影响。15 号染色体与普拉德 -
威利综合征（Prader-Willi syndrome, PWS）和天使综合征（Angelman
syndrome）有关，这两种遗传病看似截然不同却又总是"难舍难分"。在
人类基因组中存在一些"印记区"，这些区域的基因就像拥有记忆一般，
会根据自己亲代的不同（父源或者母源）进行相应的表达。15 号染色体
上就有一块这样的区域 ③。第 13、14、15、21 及 22 号染色体都是近端着
丝粒染色体（acrocentric chromosomes）：它们的短臂极短，"腰部"都快
到了本来"头部"所在的位置。有时，两条这样的染色体还会融合在一起，

---

① 一种由第 7 号染色体上 CFTR 基因突变引起的常染色体隐性遗传病，主要影响胃肠
道和呼吸系统。——译者注

② 徐立之（Lap-Chee Tsui, 1950— ），著名人类遗传学家，中国科学院外籍院士、香
港科学院院长。他在 1989 年发现了首个与囊性纤维化连锁的 DNA 标记，在人类第 7
号染色体长臂上找到了有关基因，并成功地将致病基因分离出来，并发现了该基因最
重要的突变，是人类遗传学史上的重要突破。——译者注

③ 前面所述的两种遗传病都与这一区域有关，前者为父源性基因表达缺陷所致，后者
为母源性基因表达缺陷所致。——译者注

即所谓的罗伯逊易位（Robertsonian translocation）。相较之下，Y 染色体宛如一片荒原，放眼望去，遍地都是破碎基因的遗骸，了无生机。它几乎没有任何存在的理由，但仍在挣扎。

染色体分析（chromosome analysis），又称染色体核型分析（karyotyping），是最早的基因检测。尽管在此之前已有其他一些可用于检验遗传疾病的医学测试，如可以诊断镰状细胞病（sickle cell disease）的血涂片检查等，但染色体核型分析才是真正意义上的基因检测。不仅如此，它是第一种也是很长一段时间内唯一一种基因组检测：它可以一次性完成一个人全部基因组的检查。其结果就相当于一幅鸟瞰图，用今天的标准来衡量可能不够详细，但不论如何，这一检测手段经受住了时间的考验，沿用至今。

面对一项全新的技术，我们人类究竟如何迅速积累经验呢？我对此充满了好奇。飞行就是个很好的例子。人类历史上第一架动力飞机诞生后不久，航空业就已摸索出一套自己的法则。例如，"飞行、定向、沟通"（aviate, navigate, communicate）[1]，"世上有'老'飞行员，也有'勇敢'的飞行员，却没有'勇敢的老飞行员'"，"对飞行员而言，没有什么比你上方的高度和你身后的跑道更没用"。

同样的故事也在细胞遗传学（染色体研究）领域上演，哪怕其他更新的基因技术亦是如此。年轻一代总能够"坐享其成"，毕竟我们一直以来都这么做（既然行得通，何必改变它呢）。而今，遗传学这一年轻的领域，也有了自己的传统。

说到传统，就不得不提起染色体各部分的命名。仔细观察染色体，你会发现有些染色体中间有一个像"腰"一样的部位。这是着丝粒（centromere），作用是在细胞分裂中固定染色体并引导其行为。着丝粒永远不会在染色体的正中间，也就是说它的两侧分别是短臂和长臂，被称

---

[1] 这一法则适用于飞行员在飞行中遇到麻烦的情况：首先是"飞行"，即你要做的第一件事是保持飞机的飞行状态不变；其次是"定向"，即你要判断自己现在所处的方位，寻找可以着陆的地点；最后是"沟通"，即如果前两步操作都没有问题，你要和地面以及其他飞机进行沟通。

作 p 臂和 q 臂。

为什么是 p 和 q 呢？这要从 1966 年的一场会议[1]说起。那时，染色体核型分析还处在起步阶段。第三届国际人类遗传学大会在芝加哥召开，旨在探讨人类染色体标准化命名的相关事宜。会上讨论决定将染色体的短臂命名为"p 臂"——取自法语的"petit"一词，意思是"小的"。还曾有人讨论过用"s"来命名，灵感源自英语中的"short"（短的）。很显然法国细胞遗传学家杰罗姆·勒琼（Jérôme Lejeune）[2]是位有话语权的人。当然，这也可能是那些想要以自己的方式命名长臂的人做出的"战术让步"。

当以"p"来命名短臂的决定最终通过的时候，已是深夜时分。来自英语国家的参会专家们一再呼吁用字母"l"命名长臂[3]，但又有人指出这很容易与阿拉伯数字"1"混淆。没有人想让法国人"独占"两条染色体臂，讨论一度陷入了僵局。打破这一僵局的是英国遗传学家莱昂内尔·彭罗斯（Lionel Penrose）[4]。他提议用字母"q"来命名，一来这样不会偏袒任何语言，二来在遗传学的另一分支——群体遗传学（population genetics）中有一个著名的等式，即 p+q=1[5]。用在这里，则可以理解为：P 臂和 q 臂构成一条完整的染色体。会议开到这个时候，每个人好像都

---

[1] 也许是因为最终的讨论结果，很多遗传学家误以为这是 1971 年巴黎命名会议的成果。如果你读过那次会议的相关记载便会发现，p/q 臂的问题显然早就解决了。此外，根据这种说法，"q"之所以被选中是因为它在字母表上紧挨着字母"p"。多年来，我也是这么讲给我的医学生们的，直到写这本书的时候我才进行了查证，发现事实并非如此。在这里，我要向所有我误导过的学生道个歉。

[2] 杰罗姆·勒琼（1926—1994），法国细胞遗传学家，于 1959 年首次发现唐氏综合征是由于人体第 21 号染色体三体变异所致。——译者注

[3] 英语"long"（长的）一词的首字母是"l"。——译者注

[4] 莱昂内尔·彭罗斯（1898—1972），英国遗传学家、精神病学家、数学家，是二战后英国遗传学领域的重要人物。——译者注

[5] 这一等式源自哈迪·温伯格定律，也称遗传平衡定律。该定律假设，在等位基因只有一对（Aa）时，设基因 A 的频率为 p，基因 a 的频率为 q，则 A+a =p+q=1，AA+Aa+aa=p2+2pq+q2=1，即在理想状态下，各等位基因的频率在遗传中稳定不变，即遗传平衡。——译者注

已疲于争辩，都希望赶紧结束讨论回去休息。于是，"q 臂"就这样诞生了。

通过观察染色体臂，细胞遗传学家掌握了利用显带技术识别染色体的方法。其原理是制备染色体载玻片时使用的染料会使染色体的特定部位呈现出深浅不一的带纹，即染色体的"带"。我们已经了解了 1 号染色体的顶部（p 臂的末端）有什么特点，这里我再补充一点：1 号染色体也是人体内最大的染色体。凭借这两点，你以后一定可以轻松地找到它。现在，我们看看 7 号染色体，它大小适中，在靠近其 p 臂末端的位置有一条明显的暗带。这样，你就肯定不会把它和 1 号染色体弄混了，就算在一堆染色体里你也应该能够把它们找出来。那么恭喜你！成为一名细胞遗传学家指日可待。

进行核型分析时，22 对常染色体按照大小递减的顺序被标记为第 1 至 22 号染色体（尽管 21 号染色体实际上比 22 号染色体小一点），性染色体则用 X 和 Y 表示。此外，还可以根据带型对染色体进行分类，而这些带型也有极为细致的划分方式，人类细胞遗传学命名体系就这样形成了。例如：1 号染色体可以被划分为 1p 和 1q，而 1p 又进一步细分为 1p1、1p2、1p3……到今天，我们已经有了诸如 1p36.33 的命名——从左至右分别代表染色体编号、臂号、区（3）、带（6）、亚带（3）及次亚带（3）。识别这些特定区域不仅对仪器设备的分辨率有极高的要求，也愈来愈考验遗传学工作者的技术水平。在我刚开始接触遗传学的时候，诊断遗传病的主要手段之一便是观察。一名经验丰富的科学家能够借助显微镜观察到任何细微的变化，不管是有东西缺失、增加，还是位置发生改变，都逃不过他的法眼。这是优秀的细胞遗传学家才拥有的火眼金睛，只有你想不到的，没有他找不到的。

当我自己尝试的时候，我甚至难以将染色体区分开来，因为它们并不是成对整齐排列在细胞中的。相反，它们杂乱无章地堆在载玻片上，还经常相互交叠。要想成为一名技艺娴熟的细胞遗传学家，至少需要花一年的时间在专人指导下练习观察染色体；要成为一名真正的专家，还要花上数年的时间。然而终有一天，也许就在不远的将来，新技术的出现会让我们这个职业及我们掌握的这些技能失去存在的价值。

　　染色体的数量对一个人而言至关重要，过多或者过少都可能带来严重的后果。除了 Y 染色体，最小的当数 21 号染色体，它的基因数量也最少。即便如此，如果体内有三条而非两条 21 号染色体，就会导致唐氏综合征（Down syndrome），这种复杂的遗传病会对身体各个系统造成严重影响。此外，少一条 21 号染色体也是致命的，这样的胎儿甚至活不过孕早期。这种由整条基因异常导致的遗传病还有很多。例如，爱德华兹综合征（Edwards syndrome）[①] 就是因为患者体内多了一条 18 号染色体。至于多了一条 13 号染色体会怎样，读过前文那个小女孩儿的故事，相信你已经有答案了。

　　早期的细胞研究发现，蝗虫有巨大的生殖细胞（即最终分化为精子或卵子的细胞），而且它们体内的染色体也很大。在那个显微镜分辨率很低且使用不便的年代，蝗虫无疑是最好的研究对象。到 20 世纪初，科学家们已经发现了染色体和遗传之间存在某种联系。这本是个很好的开端，但一晃数十年过去了，人们才第一次证实基因与人类疾病有关。在 20 世纪的大部分时间里，我们甚至都不知道人类到底有多少条染色体。那时，人们一度认为答案是 48 条而非 46 条，所有人也都信以为真。

　　青霉素的发现堪称人类医药史上"最美丽的意外"，谁也不会想到这种拯救了无数生命的良药最初竟源自实验室里的一个失误。这个故事的主人公是亚历山大·弗莱明爵士 [②]，那时已经是一个著名研究员的他正在研究金黄色葡萄球菌（staphylococcus aureus）。1928 年 9 月的一天，外出度假归来的弗莱明发现，自己放在实验室（出了名的杂乱不堪）里的一只细菌培养皿被霉菌污染了，而在这些霉菌周围似乎形成了一个"禁区"，让原本生长旺盛的金黄色葡萄球菌不敢越雷池一步。之后，弗莱明在研究青霉素的特性方面取得了一些进展，包括尝试分离提取青霉素、

————————
① 这种遗传病以英国遗传学家约翰·赫顿·爱德华兹（John Hilton Edwards）的名字命名，他于 1960 年首次描述了这一病症。通常情况下，人们都是先根据症状确定某种病属于遗传病，之后再寻找病因。爱德华兹综合征可能是第一种先明确病因的遗传病。
② 亚历山大·弗莱明（Alexander Fleming，1881—1955），英国细菌学家、生物化学家、微生物学家，于 1928 年首先发现了青霉素。——译者注

开发抗菌药物等。反复尝试过后，他最终得出的结论是这可能行不通，于是放弃了这项研究。真正让青霉素从实验室走向临床，成为救命良药的另有其人：当时一同在牛津大学工作的霍华德·弗洛里[①]和恩斯特·柴恩[②]是最主要的功臣。尽管在 1945 年，他们二人与弗莱明一起分享了诺贝尔生理学或医学奖的殊荣，他们的名字却远没有弗莱明广为人知。

读到这里你可能会想，如果当初意外发现青霉素的不是弗莱明，而是弗洛里和柴恩，这个故事的结局会不会有所不同？纵观人类科学发展史，你会发现一个奇怪的现象，很多人做出了开创性的贡献，却湮没在历史的尘埃中。徐道觉[③]就是这样一位无名先驱。像弗莱明发现青霉素一样，他发现低渗溶液预处理的染色体制备方法也是一个"美丽的意外"。不同于弗莱明，他并没有止步于此，最终成功地让自己的这一发现走出了实验室，写下了人类细胞遗传学的新篇章。弗莱明的名字家喻户晓，徐道觉的名字却鲜为人知。

这确实是一个遗憾。徐先生是一位高风亮节的君子，也是一位伟大的先驱者。倘若他的名字和他的贡献一样为人们所知，他现在应该至少是一部传记片的主角了。美国细胞遗传学会议的网站名起得非常绝妙：chromophile.org[④]，但比起这个名字，更为醒目的还是"人物风采"那页上徐先生的照片。那张照片拍摄于 2000 年，照片里的徐老紧握着美国细胞遗传学会议颁发的首个杰出细胞遗传学家奖[⑤]的奖杯，看起来就像一位和蔼可亲的老爷爷。将时钟拨回半个世纪以前，那时的他还是一个极具冒险精神的年轻人。20 世纪 50 年代初，中国还不是现在的模样，徐先生离开了自己的祖国，远渡重洋前往美国得克萨斯大学奥斯汀分校进行果蝇研

---

① 霍华德·弗洛里（Howard Florey，1898—1968），澳大利亚病理学家。——译者注
② 恩斯特·柴恩（Ernst Chain，1906—1979），出生于德国的英国生物化学家。——译者注
③ 徐道觉（Tao-Chiuh Hsu，1917—2003），著名美籍华裔细胞生物学家，是美国细胞生物学会首位华裔主席，在哺乳动物细胞遗传学领域有突出贡献。——译者注
④ "chromophile"一词，由"chromosome"和后缀"-phile"两部分构成，意为"染色体爱好者"。——译者注
⑤ 美国细胞遗传学会议杰出细胞遗传学家奖设立于 2000 年，之后每两年评选一次，以表彰那些在细胞遗传学领域做出杰出贡献的人物。——译者注

究（即著名的黑腹果蝇，它们虽不受果农欢迎，却是遗传学家们的最爱）。得克萨斯州有很多远近闻名的地标，如休斯敦太空中心、棉花碗球场、阿拉莫遗址等。在一个更加理性的世界，得克萨斯大学奥斯汀分校的果蝇实验室（the Texas Drosophila Laboratory）比它们中的任何一个都更有名。

这一切还要从 1956 年的一个实验室"小插曲"说起。当时，一名助理在调配用来制备染色体的盐溶液时看错了说明，加了过多的水，在毫不知情的情况下配成低渗（过稀的）溶液。用这种溶液漂洗过的细胞会吸水膨胀，其内的染色体也会分离。这样再进行观察，染色体就不会"纠缠"在一起，辨识起来也更加容易。这一奇特现象引起了徐道觉的注意，他把握住了这个机遇，成功找出了其中的玄机[1]，还找到屡试不爽的盐溶液配比，最终发表了自己的成果。

这一消息一出，蒋有兴[2]（他至少被遗传学家们记住了）和阿尔伯特·莱文[3]（他几乎不为人所知）马上便用这一方法证实人类二倍体细胞的染色体数是 46 条，而非 48 条。试想一下，如果你连有多少条染色体都数不清，发现染色体异常根本无从谈起。现在情况变了，就在几年后（1959），一个来自法国的团队（成员包括那个一举拿下染色体"p 臂"的勒琼、玛尔特·戈蒂耶[4]和雷蒙德·特平[5]）首次报告了唐氏综合征患儿体内有一条多余的 21 号染色体。这就像一把钥匙，开启了人类发现其他染色体疾病的大门。更重要的是，细胞遗传学的进步意味着我们能够准确识别单个染色体，进而绘制精确的遗传图谱。可以说，人类基因组

---

① 为了找出哪个环节出了"差错"从而造成这种奇特的现象，他花了三个月的时间试遍了各种各样的方法，而且一次只改变其中的一个环节，就这样不知重复了多少次，才找到答案。

② 蒋有兴（Joe Hin Tjio，1919—2001），出生于印度尼西亚的华裔细胞遗传学家。——译者注

③ 阿尔伯特·莱文（Albert Levan，1905—1998），瑞典植物学家、遗传学家。——译者注

④ 玛尔特·戈蒂耶（Marthe Gautier，1925— ），法国儿童心脏病专家。——译者注

⑤ 雷蒙德·特平（Raymond Turpin，1895—1988），法国儿科专家、遗传学家。——译者注

计划^①及现代遗传学的绝大多数成就都要归功于徐道觉实验室里的那个"失误"。

　　说巧不巧，也是在这一时期，DNA 的研究终于有了实质性进展。1953 年，沃森^②和克里克^③（基于罗莎琳德·富兰克林^④的实验数据）的论文发表了，首次对 DNA 的双螺旋结构进行了描述。这是一个具有划时代意义的重大发现，直接推动了本章开头所描述的人类对 DNA 与蛋白质关系的认识。正是在徐道觉、沃森、克里克以及走在他们之前的无数"开路人"的不懈努力下，遗传学这一崭新的学科冉冉升起了。

---

① 人类基因组计划于 1990 年正式启动，是一项规模宏大、跨国跨学科的科学探索工程，被誉为生命科学的"登月计划"。——译者注

② 詹姆斯·杜威·沃森（James Dewey Watson，1928— ），美国著名分子生物学家、遗传学家，20 世纪分子生物学的带头人之一，1962 年获诺贝尔生理学或医学奖，被誉为"DNA 之父"。——译者注

③ 弗朗西斯·克里克（Francis Crick，1916—2004），英国生物学家、物理学家，1962 年获得诺贝尔生理学或医学奖。——译者注

④ 罗莎琳德·富兰克林（Rosalind Franklin，1920—1958），英国物理化学家与晶体学家。——译者注

第二章 DNA 晚宴

不过也有一些人能够登上天国，触摸那把开启永恒殿堂的金钥匙。

——约翰·弥尔顿

看着面前两杯半满的烈酒，我陷入了沉思。它们被精致地码放在一个小巧的木质托盘上，紧挨着我的甜点勺。每个人的桌前都有这样的标配。我的餐前酒还有大半杯：一方面，我并不是很想跳过它直接喝烈酒；另一方面，此刻空气里弥漫着的欢庆气氛，又让我对这两小杯酒有些心动。

幸好，不论是我，还是其他坐在这个偌大而又拥挤的酒店舞厅里的人，终究还是抵挡住了诱惑。毕竟，在庆祝 DNA 双螺旋结构发现 50 周年这样一个极具纪念意义的场合，如果有来宾在晚宴上"中毒"可就不好办了。

这场 DNA 晚宴是 2003 年在澳大利亚墨尔本召开的第 19 届国际遗传学大会的一大亮点。会议的组织者是一群从善如流而又勇敢无畏的人。虽然可能有那么一点危险性，但今晚绝对是令人难忘的一晚。估计你也能猜到，会场肯定少不了各种巨大的螺旋形气球，但有点出人意料的是，这些气球看上去有些特别。虽然不知道是谁，但负责设计它们的人一定是想让这些"双螺旋"看起来"瘦"一点；所以我们最终看到的成品看上去更像"三螺旋"①。会上，人类基因组计划的总协调人弗朗西斯·柯林斯②拿起了吉他，对着人类基因组演唱《祝你生日快乐》。

紧接着，"毒药"重磅登场了。

---

① 三螺旋也很重要——构成你身体的主要蛋白质之一的胶原蛋白就是一种三螺旋结构，但这毕竟不是"胶原蛋白晚宴"。

② 弗朗西斯·柯林斯（Francis Collins，1950— ），美国著名遗传学家，现任美国国立卫生研究院（NIH）院长。——译者注

平心而论，抛开潜在的危险性不谈，这是个绝妙的主意。其中一个杯子里装着几近完成的某种植物 DNA 的提取物，另一个杯子里装的则是完成提取所需的最后一种原料。在夜幕刚刚降临的时候（也许就在天黑前的最后一刻），司仪让我们把其中一个杯子里的东西倒进另一个杯子里，然后神奇的一幕上演了，DNA 真的分离出来了。今夜我们都为它而来，而此刻它就这么真真切切地呈现在了我们面前。

你在家里也完全可以做这个神奇的实验，用的都是一些再普通不过的原料（其中只有一种带有毒性）。听说烹饪书很畅销，这不，食谱来了：

原料：草莓适量（一般两三颗就够了，主要看草莓的大小），水，食用盐，洗洁精，消毒酒精（异丙醇，没有的话也可以用甲基化酒精代替）。

具体步骤：

1. 在半杯温水中加入一小茶匙食用盐，搅拌直至其完全溶解。

2. 在盐水中加入两茶匙洗洁精并轻轻搅拌（不要产生泡沫）。

3. 把草莓放入装三明治用的密封塑料袋中并将封口封闭，再用手将草莓完全捣碎。

4. 把备好的含洗洁精的盐水倒入装有草莓的密封袋中。

5. 充分搅拌，但动作务必要轻，避免混合液产生泡沫。

6. 用一张咖啡滤纸将混合液过滤至玻璃杯中，杯中液体的量一定不能过少。为了便于后续操作，最好不要选用细长形的杯子。

7. 将消毒酒精沿杯壁缓缓地注入杯中，与草莓提取液的比例控制在 1∶1 左右。此时酒精会悬浮在最上层。

8. 杯中的溶液已具有毒性，请勿饮用。

9. 现在，你只需要把一切交给时间，静静地等待黏稠的白色絮状物从溶液中析出，那便是你要的 DNA。

如果你有兴趣的话，不妨用一根木棍把析出的 DNA 从玻璃杯里挑出来仔细观察，你会发现它有很多有趣的地方。首先，用木棍挑起絮状的 DNA 在杯壁上轻拍几下，团块的体积就变小了。这时，再小心翼翼地将它从溶液中提起，你就能得到一根细长的丝状物。DNA 具有黏性，可以松散或紧密地盘绕在一起，所以你所看到的团块体积的减小，实际上是处于松散状态的 DNA 更加紧密地盘绕在了一起。你从溶液中提取出的那根细丝状 DNA 则是一长串独立的 DNA 链，只不过从容器里提出来的时候黏在了一起。

你一定要亲手尝试一下。要知道，这种手握生命密码的感觉十分绝妙，虽然它不管看上去还是摸起来都像极了鼻涕①。

弗朗西斯·柯林斯无疑是那天 DNA 晚宴上的焦点，不是因为他的吉他弹唱（虽然确实好听），而是因为他在人类基因组计划中所发挥的引领作用。三年前，也就是 2000 年的 6 月 26 日，时任美国总统克林顿在白宫举行的记者会上郑重宣布，人类基因组计划草图绘制完成，时任英国首相托尼·布莱尔也以卫星视频的形式参会。招待会上，备受瞩目的除了柯林斯和他领导的由国际公共基金资助的人类基因组计划，还有一家名为塞雷拉②的私人公司。1998 年是国际人类基因组计划启动的第 8 年，同年，塞雷拉公司成立并宣布其将利用最新技术在 3 年内完成人类基因组的测序工作，一场人类基因组测序的公私对决就此打响。克雷格·文特尔③率领下的塞雷拉与人类基因组计划国际公共团队势均力敌，最终打成了平手——双方同时宣布人类基因组工作草图绘制完成。

一些人可能会说，此时庆祝还为时过早，毕竟这一基因组序列中还有很多的裂口——不少于 150000 个，而且还有至少 10% 的序列缺失。事实上，2003 年 4 月 14 日，中、美、日、德、法、英 6 国科学家才联合宣布，人类基因组计划的测序工作全部完成；然而，即使那时的基因组序列仍有许多裂口。到 2004 年，情况有了很大的改善，但仍有 341 个裂口亟待填补。时至今日，这项庞大的工程也没有完全完成。

尽管如此，在 2000 年首次宣布的时候，一份较为完善的工作草图已

---

① 不，我真的不知道它尝起来什么样。
② 塞雷拉基因组公司是一家总部位于美国马里兰州的基因测序公司，成立于 1998 年，于 1999 年 9 月正式开启了人类基因组的测序工作。——译者注
③ 克雷格·文特尔（J. Craig Venter，1946— ），美国生物学家及企业家，塞雷拉基因组公司创始人与前总裁。——译者注

经诞生了。说句公道话，这也确实符合当时宣布的"人类基因组计划草图绘制完成"。对大多数研究人员来说，这份草图的意义在于，他们可以通过查阅这些数据获取某个他们感兴趣区域的详细信息，并且大多数情况下都能找到答案。那确实是一个激动人心的时刻，但对于我们这些临床一线的医务工作者来说，这份基因序列的意义似乎还不得而知。

那要从 2001 年末的一天说起，那天，我们部门收到了一份包裹。塞雷拉公司为我们免费寄来了一张存有人类基因组的光盘。我们兴冲冲地拆开包裹，将光盘放入电脑，准备一探究竟。但是，很快我们便放弃了，因为我们根本无法解读这些信息，更不用说将其与我们的病人联系起来了。事实证明，人类基因组数据从产生到普遍应用于遗传病的诊断和临床治疗，耗费了十多年的时间。如今，我每周都要访问无数次由加州大学圣克鲁兹分校创立和维护的基因组数据库（UCSC Genome Browser）。可以说，没有它我就无法工作。

那么，基因组里有什么？我频频浏览加州大学圣克鲁兹分校的数据库又到底是为了找什么呢[①]？

你还记得从草莓里提取出来的白色黏稠物吗？它由四种不同的化学物质组成，分别是腺嘌呤、胞嘧啶、鸟嘌呤和胸腺嘧啶，首字母分别是 A、C、G、T，它们被统称为"碱基"。碱基大多数时候都以碱基对的形式存在，这是因为 DNA 通常为双螺旋结构，人类基因组含有约 30 亿个碱基对。这种双螺旋由两条单链组成，它们互为补充。一条链上的 A 与另一条链上的 T 配对，而 C 则与另一条链上的 G 配对，所以双螺旋结构是这样的：

```
G A T T A C A
| | | | | | |
C T A A T G T
```

---

① 你可能会觉得我的浏览记录有些无聊。

这两条链的方向是相反的，DNA 有特定的转录方向。这一方向与其被复制和翻译以合成蛋白质有关。与"GATTACA"形成互补的链会被细胞解读为"TGTAATC"，而非"CTAATGT"。

让我举一段自己最喜欢的基因组——TBX20 基因的一部分，我取得博士学位它功不可没。如果以相同的字距打印在 A4 纸上（单面打印），你要用 781250 张纸才能打印出完整的人类基因组。如果每张纸的厚度是 0.1 毫米，你需要一沓 78 米厚的纸，大致相当于悉尼歌剧院和自由女神像的平均高度。当然，如果没有一把关键的钥匙，这就是一大堆毫无意义的字母罢了。一旦掌握了这把钥匙，这沓纸揭示的就是无尽的科学财富。

那么，这把钥匙究竟是什么？基因组里又暗藏了什么玄机？事实证明，破解基因组奥秘的钥匙远远不止一把。其实，我们的 DNA 诉说着很多故事，关键是你能不能读懂。

正如前一章中所述，我们体内的染色体是成对存在的。这是因为你有一半的遗传信息来自你的母亲，一半来自你的父亲。同理，你也会把一半的遗传信息传给你的每一个孩子。你的 1 号染色体一条来自母亲，一条来自父亲，其余 22 对染色体都可以以此类推下去。1 号染色体是人类染色体中最大的一条，它含有近 2.5 亿个碱基对，其上的基因数超过 2000 个。最小的是 21 号染色体，含有不到 5000 万个碱基对，只有几百个基因。不起眼的 Y 染色体比 21 号染色体长一点，但只有约 50 个基因。

在我们的细胞核外其实还有一些 DNA，这便是我们的第二基因组，一个很小的基因组（它仅由 16569 个碱基对组成，共包含 37 个基因）。它存在于一种叫线粒体的结构中，这一点之后会详细介绍。

基因这个概念你一定不陌生，毕竟基因组中最有名的就要数基因了。正如我之前解释的那样，基因的作用就相当于一张蓝图，告诉细胞如何合成蛋白质。你体内的一切生命活动都离不开这些蛋白质的参与。在人类基因组中，这种指导蛋白质合成的基因只占约 1%-2%。

剩余的基因中到底有多少真正发挥作用，目前众说纷纭。其中一些非编码 DNA 肯定是有用的，而且扮演着重要的角色，着丝粒就是个很好的例子。它位于染色体的腰部，在细胞分裂中发挥着指导染色体运动的重要作用。正是由于着丝粒的存在，染色体才能够正常分离并均匀分配到两个子细胞中。如果这一环节出错，后果将不堪设想。在染色体的末端还有一种叫端粒（telomere）的结构，相当于给染色体戴上了"保护帽"。你应该听过伯纳德·布雷斯劳的那首关于脚的歌《你需要双脚》，其中有句歌词是：

你需要双脚穿上袜子
以保护它们不被磨破

染色体当然不会穿袜子，但就像你的双脚一样，它们的"脚"也怕磨。随着年龄的增长，你体内染色体的端粒本身也会有一些"磨损"，会随着细胞分裂次数的增加而逐渐变短。很多癌症都会伴随端粒的明显缩短，有时端粒甚至会完全消失，使得染色体的末端裸露在外，极易受到损伤。令人费解的是接下来发生的事：细胞发生癌变的过程中，它们染色体的端粒会"重获新生"。这是癌细胞得以"永生"的一部分原因。

虽然编码蛋白质的基因只占人类基因组的 1%-2%，但人类基因组约四分之一的区域都有基因分布。造成这种差异的原因是，大多数基因都是由两种序列组成的，即内含子（intron）和外显子（exon）。外显子能够编码蛋白质，也就是说它们的序列决定了蛋白质中包含何种氨基酸，以及何时开始和停止。相比之下，内含子不编码任何东西。它们发挥着某种作用，这点毫无疑问，只是我们目前还不得而知①。内含子的体积可能非常庞大，包含成千上万个碱基对。有时候，一个基因的内含子大得

① 内含子众所周知的一个作用是它可以使同一个基因产生多种不同的蛋白质，有时甚至是功能完全不同的蛋白质。这通过选择性剪接（alternate splicing）实现，换言之，一些外显子并不总能发挥作用，因此一段序列可以既是外显子又是内含子。很多基因本身根本不会这么做，但有一些蛋白质会因为剪接方式的不同而发生改变。内含子另一个已知的功能，是控制基因在何时何地表现，也就是发挥了一种调节作用。

足以装得下一个在另一条 DNA 链上的基因。

你可以在 TBX20 基因上找到外显子和内含子。你甚至可以在 DNA 序列中看到一些基因组的"操作指令"。每一个内含子都以 G、T 两个碱基开头，以 A、G 两个碱基结尾。于是，G、T 和 A、G 共同构成传递给细胞的一大关键信息，即"这里有一个内含子……好了，不需要蛋白质了——请停下来"①。

人类基因组中有多少基因真正发挥作用？关于这个问题，我们还没有找到答案。2012 年 9 月，继人类基因组计划之后的又一重大跨国基因组学研究项目——DNA 元素百科全书（the ENCODE project）的阶段性研究成果被整理成了 30 篇论文，同时发表于《自然》（Nature）等学术期刊。让 30 篇文章同时发表非同小可，这需要多少科学家的通力合作才能完成，光这一点就已经是一个很了不起的成就了，完全不亚于论文内容本身。ENCODE 项目研究团队认为，80% 的人类基因组具有某种确定功能。其中最主要的据称是控制其他部分的功能——对细胞生物学的一种颇具官僚主义气息的解读。该消息一出，当时便招致了很多批评，这么多年过去了，争论还在继续。最近发表的一篇论文则认为，只有 8% 的基因组有功能。这两项研究得出的结论可谓天壤之别。我虽然不知道正确答案，但我觉得这一比例应该不会低至 8%，也不会高达 80%。

有很大一部分基因组看起来就像基因残骸一般——都是一些经过漫长进化而失去功能的基因及其他成分。例如：我们的基因组中有很多破损的嗅觉受体基因，它们不能发挥任何作用。这是因为在进化初期，我们的祖先需要敏锐的嗅觉才能生存下去，但很长一段时间以来，我们依靠相对不那么敏锐的嗅觉也过得很好。即使这些基因发生了突变，对我们也没有什么影响，破损的基因也就这么遗传给了下一代。你从你父母那里继承了数百个破损的基因，而你又会将它们传递下去，或者说已经传递下去了。尽管这些基因是由破损的基因"原封不动"地复制来的，

① 这是一种简化的说法。诚然，G、T 和 A、G 这四个碱基是向细胞传达"我是一个剪接位点"这一讯息的关键，但它们周围的碱基也至关重要。如果你想进一步了解基因与蛋白质的关系，请参阅"附录"部分。

它们依旧不会产生任何影响。

人类基因中还有很多重复序列，似乎也没有多大作用。有时候，病毒会通过复制将自己的 DNA 整合到宿主 DNA 中，这就使得宿主基因组中散布着大量看起来像旧病毒的序列。还有一种情况是 DNA 片段在所谓的复制事件中复制。想象一下，假如你有多余的某个基因拷贝，那么即使其中一个丧失了功能也无伤大雅。所以在你的基因组中，一个基因往往有两个版本，一个具备正常功能、一个失去功能，后者也就是所谓的假基因。还有一些 DNA 片段似乎单纯是 DNA 自我复制的产物，仅此而已。毕竟这些长长的序列看起来毫无特别之处（如 ATATATATATATATATAT……）。

总的来说，到底基因组有多大部分能够发挥作用似乎对我们没有什么影响。一方面，现阶段的人类基因组完全够用，足以满足我们的生活需求；另一方面，即使有任何问题，相信都可以通过 DNA 自我复制的能力和各种引入新 DNA 片段的机制来解决。很多生物的基因组比我们大得多，好吃懒做、无所事事的 DNA 自然也多得多，但它们不是照样活得好好的吗？无恒变形虫的基因组据称比我们人类基因组的 200 倍还要大。看上去毫不起眼的洋葱的基因组也有我们的 5 倍大。你还是可以轻松吃掉它（或者提取它的 DNA），而不是反过来。河豚的基因组只有人类的八分之一，却比洋葱复杂得多。

看起来，拥有过大的基因组确实要付出代价，起码在艰苦的条件下是如此。有一种叫墨西哥野玉米的植物据称是"玉米的祖先"。2017 年，曾有一篇论文对生长在不同海拔的几种墨西哥野玉米的基因组进行了对比。虽然拥有巨大基因组的植物很多，但至少对于墨西哥野玉米而言，所处的海拔越高，基因组就越小。换言之，如果你生活在高山上，周边的环境也十分恶劣，你根本不可能把精力浪费在复制无用的 DNA 上。

从这个角度来说，人类的基因组可能不大不小刚刚好，其中的每一个部分都扮演着重要的角色。如果是这样，未免也太巧了。更有可能的是，人类基因组中确实有相当一部分的"无用"DNA。

这并不是说人类基因组就没有任何特别和有趣之处了。刚开始从事遗传学工作时，我曾信心十足地告诉人们，人类基因组包含约 100 000 个基因——毕竟我们是这么重要和特别的生物，没有足够多的基因说不过去，不是吗？然后这个估算值便开始降低……降低……再降低。到人类基因组计划完成的时候，这一数字已降至 20 000 出头。部分原因是我们基因的结构相当复杂，而且很多基因都有不止一个功能。有时候，这意味着以略微不同的方式完成相似的任务，就像肌肉蛋白质的组成会因其在心肌还是普通肌肉中发挥作用而有所不同；而有时候，这意味着同样的蛋白质可以做截然不同的工作，也就是所谓的"兼职"。例如，有一种酶既可以用作化学反应的催化剂，还可以保持晶状体的透明。

这其实适用于很多生物的基因组，对于黑猩猩的基因组则是完全适用。黑猩猩，尤其是倭黑猩猩（又称侏儒黑猩猩）的基因与我们相似度极高。火星人甚至可能会把我们当成同一动物的不同变种。可以说，我们与黑猩猩的关系比非洲象和亚洲象的关系还要亲近。因此，你可不能怪我们的外星朋友分不清楚了。

我们是怎么知道这些的？这又要从人类基因组计划说起。

最初构想的时候，人类基因组计划是个雄心勃勃的计划。当时，只完成了一小部分基因的测序。我们所掌握的通常是一种轮廓草图，实际上相当于一张地图。你经常听到的"绘制基因图谱"其实就是第一步。但我们现在不会绘制一个人的基因图谱了，因为这项工作早已完成了。就像你不需要整个社区的地图也能找到某个人的房子一样。基因图谱不像街道图，因为它是一维的而不是二维的，标示的无非是构成染色体的 DNA 链上基因的分布情况。要绘制这样的一份图谱，标记必不可少，也就是所谓的遗传标记或标记基因（genetic signpost）。这些标记之间存在着某种既定联系，而且组成这些标记的 DNA 片段往往可以通过独一无二的方法识别出来。假如我们有三个这样的遗传标记，分别是 A、B 和 C。如果我们绘制一份包含这三个标记的基因图谱，它至少能够反映出它们在染色体上的排列顺序（比如说，是 A—B—C，而不是 A—C—B 或者其他任何可能性）。更好的版本也许会告诉我们这三个遗传标记都分布在 1 号染色体上，而不是其他任何染色体。最为实用的图谱还能告诉我们它们之间的间隔。

　　最早的基因图谱是绘制于的 20 世纪初的果蝇基因图谱。到 1922 年，研究人员已经将控制 50 种不同性状的基因定位到了果蝇的四对染色体上，这些都是可以直接观察到的外表形态差异。研究人员会仔细确认果蝇具有的多种特征，并将它们与其他同样经过仔细检查的果蝇进行配对，对诞生的后代也要挨个仔细检查。这是一项严格而艰巨的工作，让我们学到很多遗传学的基本知识，也让我们掌握很多行之有效的方法，这些方法不仅推动了整个 20 世纪的遗传学研究，对人类基因组计划的成功也功不可没。

　　例如，下面是一份早期的果蝇 X 染色体基因图谱：

y...................w...v............m

　　在这一图谱中，字母"y"代表"黄体"，"w"代表"白眼"，"v"代表"朱红眼"，而"m"则代表"小翅"。这张图谱表明，黄体和白眼这两个性状密切相关，它们更有可能一起遗传，而小翅这种突变型基因则更可能与朱红眼，而非白眼一起遗传。这张遗传图谱的作者是阿尔弗雷德·斯特蒂文特[1]，又一位几乎被世人遗忘的天才。1913 年，这一成果最终以论文形式发表时，他年仅 21 岁。斯特蒂文特是著名遗传学家托马斯·亨特·摩尔根[2]的学生。他似乎是一个神童，小小年纪就已经在遗传研究方面有所建树了。这个天赋异禀的少年在十几岁的时候就通过一篇文章引起了摩尔根的注意。那时，斯特蒂文特基于自己从小在父亲农场观察的经历，写了一篇关于马匹毛色遗传的论文。正是这篇文章给摩尔根留下了深刻印象，他鼓励斯特蒂文特将文章发表在科学期刊上，并邀请他加入了自

[1] 阿尔弗雷德·斯特蒂文特（Alfred Sturtevant，1891—1970），美国遗传学家。——译者注

[2] 托马斯·亨特·摩尔根（Thomas Hunt Morgan，1866—1945），美国著名进化生物学家、遗传学家和胚胎学家，发现了染色体的遗传机制，创立了染色体遗传理论，是现代实验生物学的奠基人。——译者注

己的实验室——接下来的故事不用我说你们也知道了。

这只是一个开始。

之后，斯特蒂文特开启了漫长而辉煌的科学生涯，这期间除了娶同在一间实验室工作的技术员菲比·柯蒂斯·里德为妻，他追求科学真理的脚步几乎从未停歇。斯特蒂文特和里德有三个孩子，在这样的家庭中长大的他们，想必从小耳濡目染的都是遗传学知识。

对于绘制遗传图谱的遗传学家们而言，20 世纪的大部分时间里他们都在艰难摸索中前进。从使用肉眼可见的形态标记逐渐扩展到生化标记及其他遗传标记，从酵母的遗传图谱到人类的遗传图谱，都见证了遗传学家们的不懈努力。直到 1987 年，也就是斯特蒂文特去世 17 年后，第一张覆盖整个人类基因组的遗传连锁图谱才绘制完成——407 个遗传标记分布在人类的 23 对染色体上。如果说人类基因组计划是遗传学的"登月计划"，那么斯特蒂文特早期创作的遗传图谱就相当于莱特兄弟的第一次试飞。

就这样，到 20 世纪 80 年代末，我们终于有了一张人类基因组的轮廓图。它就像那些早期探险家们手中的世界地图，勾勒出我们体内那 23 块"大陆"的轮廓，标示出其上散布着的一个个"路标"（那 407 个遗传标记）。然而，除了一些重要的"港口"——那些围绕着致病基因的已知 DNA 序列，在我们这份地图上几乎找不到任何其他细节。

从这样一张包含 407 个标记的草图到详尽的遗传图谱，最终到完整人类基因组序列的诞生，需要借助一些特殊的工具，桑格测序法（Sanger sequencing）便是其中最重要的工具之一。

你一定听说过玛丽·居里 [1]，她曾因在物理和化学领域的突出贡献两度荣获诺贝尔奖。莱纳斯·鲍林 [2] 这个名字你应该也不陌生，他也是两项诺贝尔奖（1954 年诺贝尔化学奖和 1962 年诺贝尔和平奖）得主。但我

---

[1] 玛丽·居里（Maria Curie，1867—1934），即居里夫人。——译者注
[2] 莱纳斯·鲍林（Linus Pauling，1901—1994），美国著名化学家，量子化学和结构生物学先驱者之一。——译者注

不得不承认，在我开始写这一章之前，我从未听说过约翰·巴丁①。说来惭愧，似乎我们都欠这位两获诺贝尔物理学奖的科学家一声"谢谢"。巴丁是晶体管的发明者之一，同时也是 BCS 超导理论②的提出者。可以说，如果没有巴丁的发现，就不会有你使用的手机。我能用电脑打下这些文字，也要归功于巴丁。

　　鉴于我们探讨的是遗传学，弗雷德里克·桑格无疑是四位③两度获得诺贝尔奖的科学家中最了不起的一位。桑格是一位英国生物化学家，发现了测定蛋白质氨基酸序列的方法，并因此第一次获得了诺贝尔奖。桑格还是一名贵格会教徒，在二战期间获得了（因道义或宗教原因）拒服兵役者的正式身份，这真是万幸——倘若他不幸牺牲在了战场上，对整个世界该是多么大的损失。

　　桑格选择首先研究的蛋白质是胰岛素，即糖尿病患者体内缺乏（或不起作用）的一种调节血糖的激素。自 20 世纪 20 年代早期以来，胰岛素就已被成功应用于糖尿病的治疗，而在 50 年代早期，胰岛素也是为数不多的纯蛋白质之一。这背后的故事本身就是科学史上极为特别的一页。

　　关于医学突破的媒体报道往往有两种：一种是小题大做，看似夺人眼球，实则不过是数年前就取得的小小进展；另一种则是操之过急，看似前景光明，但实际上还处于动物研究阶段，或许永远也不可能应用于人体。我和我的博士导师理查德·哈维就曾接受过国家电视新闻的采访，谈论一项我们甚至还没做过的研究。在此之前，我们的这项研究得到了美国国立卫生研究院的资助，而我们研究所的公共事务部不知怎么就把这件事当作重大新闻卖给了一家电视网。几年后，当我们真正完成了这

① 约翰·巴丁（John Bardeen，1908—1991），美国物理学家，因晶体管效应和超导的 BCS 理论两次获得诺贝尔物理学奖。——译者注

② BCS 超导理论（BCS theory），于 1957 年提出，是解释常规超导体的超导电性的微观理论。该理论以其发明者巴丁（J. Bardeen）、库珀（L. V. Cooper）和施里弗（J. R. Schrieffer）的姓氏首字母命名。——译者注

③ 截至目前，全世界共有四位科学家两次获得诺贝尔奖，即这里提到的这四位。——译者注

项研究并将结果发表时，我们的名字甚至都没有出现在一份地方报纸上。

纵观医学史，真正的医学奇迹也时有发生。青霉素便是个很好的例子，它的问世让许多严重威胁生命却又无法医治的传染病一下子变得有药可医。不过，要说真正的灵丹妙药，当数胰岛素无疑①。

多尿症（diabetes）主要有两种味道——我特意用了这个词。糖尿病（diabetes mellitus, DM）是目前为止最常见的一种多尿症，"mellitus"源自拉丁语，意思是"像蜜一样甜"，这是因为糖尿病患者的尿液带有甜味。相较之下，尿崩症（diabetes insipidus, DI）患者的尿液是淡而无味的，说得更形象一点，如果它是款饮品，你最爱餐厅的侍酒师肯定不会向你推荐它。

根据对胰岛素治疗的不同反应，糖尿病又可以分为两大类。如果你的胰腺无法正常分泌胰岛素，那么你需要的就是一种替代品，可以通过注射胰岛素来弥补体内胰岛素的不足。这种胰岛素依赖型糖尿病（IDDM，又称Ⅰ型）是我们在这里着重探讨的类型。如果你体内胰岛素分泌正常，但起到的作用甚微，你得的就是非胰岛素依赖型糖尿病（NIDDM，又称Ⅱ型），与第一种类型截然不同。如你所料，在这两大类的基础之上，糖尿病还可以进一步细分为多种类型。本书后面的章节里就会提到一种影响新生儿的罕见糖尿病。

胰岛素的作用主要是促进组织细胞对葡萄糖的摄取和利用。离了胰岛素，你体内的细胞就如同"糖盲"——它们无法辨别葡萄糖，更别提利用了。久而久之，这些无法被细胞利用的葡萄糖就会在血液中累积，一部分会经尿排出，形成"糖尿"。葡萄糖排出体外的过程中还会带走大量水分，导致你出现多尿症状，而尿得多了，脱水的风险也就升高了。与此同时，即便你体内有这么多葡萄糖，它们也不能为细胞所用，所以你的身体细胞仍处于一种饥饿状态。

20世纪初，人们就已经知道摘除狗的胰腺会让它患上糖尿病并在两周内死亡。不幸的是，对人而言也是如此。糖尿病多发于儿童时期，而

① 好吧，还有一个更厉害的，麻醉更胜一筹。我这么说绝对不是因为我妻子是个麻醉师。

患上这种病在当时无异于被判了死刑。患者也许能够撑过几周或几个月的时间，但最终还是会陷入昏迷并很快死亡。

人类与糖尿病抗争的故事有好几位主人公，他们都是加拿大人。弗雷德里克·班廷是一名外科医生，他想到了能否从狗的胰腺中提取某种可用于治疗糖尿病的物质。此前已经有人尝试过，但均以失败告终。

胰腺除了能分泌胰岛素，还能够分泌消化酶。结合这一点，班廷认为之前人们通过研碎胰腺组织来提取这种激素的尝试之所以失败，正是因为这些消化酶在研磨过程中与胰岛素充分接触导致后者完全分解。于是，他想到了一个方法：将胰腺上用于输送消化液至肠道的胰管结扎，让合成分泌这些消化酶的腺泡细胞萎缩死亡。他希望可以通过这种方式提取出不含酶的胰岛细胞，为之后制备纯净的胰岛素做准备。为此，班廷找到了母校多伦多大学首屈一指的糖尿病研究专家约翰·麦克莱德[1]寻求帮助。经过一番周折，他最终说服了麦克莱德教授为他提供证实这一想法所需的资源，包括 10 条狗和一名助手——一位叫查尔斯·贝斯特的医学生。有趣的是，在医学层级体系中，医学生的地位就比家畜略微高一点，直到今天也是如此。

据说贝斯特是医学史上抛硬币的最大赢家。麦克莱德原本给班廷派了两名学生做助手，一位是贝斯特，另一位是他的朋友克拉克·诺布尔。但班廷实际上只需要一名助手，于是他们二人决定以抛硬币的方式决定谁先与班廷一起做研究，最终贝斯特成了那个幸运儿。起初，他们打算在夏天过半之后互换，但那时贝斯特已经上手了这份工作（并且确实做得得心应手），商量后他们决定贝斯特留下来。谁也没有想到，这枚小小的硬币抛掷的是一份科学的无上荣光。

事实证明，班廷的想法是对的。初期在狗身上进行的实验取得了鼓舞人心的成果，到 1922 年 1 月，人体临床试验也提上了日程。这就要提

---

① 约翰·麦克莱德（John Macleod，1876—1935），苏格兰医师、生理学家，主要致力于碳水化合物新陈代谢的研究。——译者注

到我们的另一个主人公，詹姆斯·克里普①。他发现了纯化胰腺提取液的方法，提高了这种疗法的安全性。当时，第一位受试者注射未完全纯化的狗胰腺提取液后出现了严重过敏反应，试验不得不暂停。这时，麦克莱德教授请来了当时正在多伦多大学访问的生物化学家詹姆斯·克里普。他的加入使临床试验再次重启，很快便取得了显著成效。正是在这一时期流传了很多糖尿病患者接受治疗后奇迹般恢复的故事，其中值得一提的是班廷团队制得纯净胰岛素后的情景。据称，当时多伦多总医院里躺满了陷入昏迷、奄奄一息的糖尿病患儿，班廷等人从房间的一头开始给这些孩子注射胰岛素，他们就这样一个接一个地注射下去，等他们打到最后一个孩子时，第一个接受注射的孩子已经从昏迷中苏醒过来了。

即使这个故事是真的，你肯定也不能从首篇关于胰岛素治疗的科学报告中看出这一点。这篇刊载于《加拿大医学协会杂志》（*Canadian Medical Association Journal*）的文章写得枯燥至极，直到第二页过半（这篇文章总共也就五页多一点）才第一次提到这是一项在人身上开展的治疗。最后得出的结论也是慎之又慎：（简言之）"我们能够测得患者血液发生了一些变化，而且他们看上去似乎好一些了。"

然而，就算班廷和他的搭档们不愿自吹自擂，他们发现胰岛素的消息依然不胫而走，并很快在全世界引起轰动。第二年，瑞典皇家科学院授予了班廷和麦克莱德诺贝尔生理学或医学奖。班廷当天就宣布要与他的助理贝斯特共享奖金，而麦克莱德最终也决定将自己的那份奖金与克里普分享。当时，虽然发现胰岛素的消息已传遍大街小巷，但胰岛素的大规模生产尚需时日，这对于那些刚诊断出患糖尿病的患者家庭意味着什么，我们难以想象。一定有很多人还没等到胰岛素就死去了，而一些幸运的人或许能在生命的紧要关头等来这剂救命良药。

不管怎样，30 年之后，当弗雷德里克·桑格需要某种纯蛋白进行研究时，他只须漫步到当地的药店买一瓶，仅此而已。所谓桑格测序法其

---

① 詹姆斯·克里普（James Collip，1892—1965），加拿大著名生物化学家，制出了首个适用于人体的胰岛素制剂。——译者注

实就是一种简化处理，桑格没有选择直接读取整个蛋白质的氨基酸序列，而是将蛋白质长链分解成了一个个短小片段。他先用独创的化学方法测得这些片段的氨基酸序列，再利用这些小片段的重叠关系将它们拼接起来，最终得出这种蛋白质的完整氨基酸序列。这一方法对科学研究产生了深远影响。众所周知，近 50 年之后，克雷格·文特尔的公司塞雷拉就用基本相同的方法测出了人类基因组序列。直到今天，桑格测序法仍是遗传学领域的一项重要技术。2018 年，研究人员也是用这种方法完成了考拉的基因组测序。

　　桑格的发现绝不仅仅是得到"这是胰岛素的序列"的结论这么简单。不可否认，这一点也很重要，但更为重要的是，桑格发现每种蛋白质都有其既定的氨基酸序列，而这与它们的结构和功能息息相关。蛋白质是一个个氨基酸分子组成的长链，可以说，正是有了这一基本认识，才有了后来包括 DNA 编码蛋白质的方式在内的许多重要发现。

　　桑格没有止步于此，而是将目光转向了 DNA（这也为他赢得了第二个诺贝尔奖）。1977 年，他提出了一种快速测定 DNA 序列的方法，这种被称为桑格测序法的技术成为后来人类基因组计划的基石。最早的桑格测序法须借助一定量的放射性同位素对核苷酸进行标记，之后经过不断改进，科研人员开始用荧光标记物替代同位素，四种不同的荧光分别对应四种碱基。这不仅提高了操作的安全性，也使大规模测序成为可能。桑格测序法就这样推广开来。

　　今天，我们仍在诊断实验室中使用桑格测序。

　　现在，做桑格测序非常简单，因为我们掌握了自己感兴趣的基因序列。我们也可以用桑格测序法发现某段未知的 DNA 序列。这就好比你从某个熟悉的地方出发，一步一步前进，一路探索着新世界，直到遇见从另一个方向来的某个人。这就是人类基因组计划所使用的方法。

　　就这样，到 20 世纪 80 年代末，我们有了可以用来完成这项工作的工具。然而，要真正完成人类基因组的测序，似乎还有很长的路要走。1987 年，向来以"勇于冒险"著称的美国能源部（US Department of Energy, DOE）启动了一项旨在找到一种可以保护基因组免受辐射影响的方法的计划，这对当时核能日益成为主要能源的美国而言也许至关重要。这便是人类基因组计划的雏形。到1988年，美国国立卫生研究院加入了能源部的这项计划，美国国会对该计划提供了资助。

事实上，这一早期设想照进现实只用了不到12年时间。然而，从一个旁观者的角度来看，前6年几乎没有什么进展。1990年，美国正式启动了人类基因组计划，并设定了在2005年完成这一计划的目标。但政府项目向来都以耗时长、预算不足著称，所以也没有太多人把这当回事。到1994年，人类基因组计划的主要成果是一张更为密集的基因图谱。这张新的图谱上密密麻麻地排列着5840个遗传标记，而非此前的407个。在外行看来这也许没什么特别，但这是绘制出人类基因组的关键一步。而且，这一成果比预期提前了一年，似乎已经预示了什么。

人类基因组计划从一开始就是一项国际合作的全球性工程，来自世界各地的顶尖科学家都以各种形式参与其中。澳大利亚细胞遗传学家格兰特·萨瑟兰[1]就是其中之一，他曾以国际人类基因组组织[2]主席（尽管不是人类基因组计划的负责人）的身份，在该计划中发挥了重要协调作用。詹姆斯·沃森（没错，就是那个沃森）是人类基因组计划的首任主管。直到1992年，他辞去了这一职务，短暂过渡之后，弗朗西斯·柯林斯接管了这一项目直到其圆满完成。

实际的测序工作由来自美国、英国、日本、法国、德国和中国的20所研究机构完成。各机构分工明确，各司其职。美国以外贡献最大的要数位于英国剑桥的桑格中心（Sanger Centre）。顾名思义，它是以弗雷德里克·桑格的名字命名的。桑格中心，也就是现在的维康桑格研究所（Wellcome Sanger Institute），完成了近三分之一的人类基因组测序工作，负责的染色体包括人类第1、6、9、10、11、13、20、22号染色体以

---

[1] 格兰特·萨瑟兰（Grant Sutherland，1945— ），澳大利亚细胞遗传学家、澳大利亚妇幼医院遗传学名誉教授，专攻人类染色体脆性位点的研究。担任国际人类基因组组织主席期间，率领团队参与了人类第16号染色体的测序工作。——译者注

[2] 国际人类基因组组织成立于1989年，是一个参与绘制人类基因组图谱的人类基因组计划国际非政府组织。——译者注

及 X 染色体（其中部分染色体的测序是与其他机构合作完成的）。直到
1999 年，国际人类基因组计划联合研究小组才宣布完整破译出了第一对
人类染色体（第 22 号染色体）的遗传密码。1999 年 9 月，在该项目启
动十多年后，人类基因组 8.21 亿个 DNA 碱基测序完成的消息传出。其
中有一半仍是"草图"，而且还有 20 多亿碱基的测序工作尚未完成。但
这之后，该计划就像失控了的火车头一般加速推进，到次年 6 月，人类
基因组计划已接近尾声，克林顿总统和布莱尔首相可以提前宣布该计划
成功了。

　　人类基因组计划使用的是一种合乎逻辑、按部就班的测序方法，从
已知的区域一步步"走"到未知的区域。但他们有一个竞争者——克雷
格·文特尔，堪称"基因组学界的埃隆·马斯克"。文特尔的策略完全不
同，他想用一把"霰弹枪"完成人类基因组的测序。

　　文特尔是位才华横溢而又不乏创业精神的科学家，但他的学生生涯
算不上出彩，毕业后的他可以说是一个被学习耽误了的冲浪运动员。之
后，他应征入伍，其间还曾以美国海军医护兵的身份参与了越南战争。
那段在战地医院工作的经历对文特尔产生深远影响，他退役后重拾学业
开始学医，不过之后又转行从事了科学研究。事实证明，他是位杰出的
科学家。在美国国立卫生研究院工作期间，他曾因申请基因专利而一度
陷入争议的旋涡。文特尔最终离开国立卫生研究院，并且成立自己的公
司，在那里他又闯出一番新天地。作为塞雷拉公司的第一任总裁，他决
定与人类基因组计划展开竞争，用的就是人类基因组计划嗤之以鼻的方
法——鸟枪测序法（shotgun sequencing）。其主要步骤包括将基因组打
碎成大小不一的片段，对它们进行随机测序，最后像拼图一样将它们拼
接起来。

　　比方说，你做了几次测序后，得到了 3 个这样的片段：

GGTGTGAACTGCCCCGAGGG

<u>CCGAGGGCAGAGACCTCCCGTTTTG</u>

CGTTTTGTTCTCCAGCGCCTTGAGCCAGC

只要进行简单的推理计算，你就能够把它们拼在一起，就像这样①：

GGTGTGAACTGCCCCGAGGGCAGAGACCTC
CCGTTTTGTTCTCCAGCGCCTTGAGCCAGC

仔细观察不难发现，第一个基因片段与第二个有部分重叠，而第二个片段又与第三个有重叠。如果没有第二段基因，你无法将第一和第三个基因片段联系起来。但只要一直粉碎，测序，再粉碎，再测序……最终你一定能得到足够多的相互重叠的基因片段，拼成一张完整的人类基因组。这一了不起的成就，塞雷拉真的做到了。在这场与 6 个国家的 20 所机构以及美国能源部的较量中，单枪匹马的塞雷拉与公共领域的人类基因组计划几乎同时冲过终点。这就有了文特尔与柯林斯一同出席白宫招待会，共同宣布人类基因组工作草图绘制完成的情景。

与人类基因组计划相比，塞雷拉确有一大重要优势——它可以获取所有公共机构的数据。从一开始，数据开放共享就是人类基因组计划的基本原则之一，这开创了生物医学科学领域数据共享的先河，也成为该领域沿用至今的准则。

你可能会问，塞雷拉费这么大功夫究竟是为了什么？其实，它最初的计划是发现更多的人类基因序列并对其申请专利保护。塞雷拉确实对 6 500 段基因序列申请了初步专利保护，但最后没有走完整个专利申请流程就不了了之了。最终，他们免费公开了这些数据（其中就包括那张寄给我们却让我们束手无策的光盘，当然，这也不能怪他们）。

---

① 这是另一段非随机选择的序列：该序列取自 NKX2-5 基因，它是我读博期间重点研究的对象，同时也是我最喜欢的基因之一。究其原因，且听我慢慢道来。一般来说，动物遗传学家，尤其是专门研究苍蝇的遗传学家，他们在基因命名方面比我们人类遗传学家强得多。NKX2-5 基因对人的心脏发育至关重要。苍蝇并没有传统意义上的心脏，它们的"心脏"其实是一根可以舒张收缩的"管子"，但它们体内却有一种与 NKX2-5 非常相似的基因。当遗传学家们发现这种基因的时候，他们还注意到了一个现象——缺少该基因的苍蝇体内根本没有管状的心脏。所以，你猜他们给这个基因取了什么名？Tinman（出自童话《绿野仙踪》里没有心脏的铁皮人）。

事实上，人类基因组"参考"序列从一开始就是不同人基因组的"大杂烩"，当然它本应如此。人类基因组计划面向 20 个测序中心附近的居民招募了一批志愿者。人类基因组计划不会记录他们的个人信息，且采集的样本中真正用于测序的只占很小一部分，因此没有人知道"参考"DNA 的主人是谁。今天我们使用的"参考"基因组已经经过了无数次更新和调整，整合了很多来自不同人的基因组信息，就像一床由各种尺寸的布块缝制成的被子。塞雷拉也这么做，只不过可能没那么随机罢了。他们招募了 21 名志愿者，除了年龄、性别及（自我描述的）种族背景，塞雷拉没有保留他们的任何信息。所有志愿者需提供 130 毫升的血液样本（略多于四分之一品脱，足够用来制造一个逼真的犯罪现场了），男性志愿者还需提供在 6 周时间内采集的 5 份精液样本（塞雷拉在那篇发表于《科学》杂志的论文中提到了他们所采用的检测方法，相当有趣）。最终，这 21 名志愿者中只有 5 人被选中进行基因组测序，两男三女，包括一名非裔美国人、一名中国人、一名西班牙裔墨西哥人以及两名高加索人。

后来才发现，其中一名高加索人，一位男性，贡献尤为突出。他的名字也不再是秘密了：正是文特尔本人。仅仅几年后，文特尔完成了他剩余基因组的测序，他可能是这么做的第一人。我之所以用"可能"一词，是因为差不多在同一时间，詹姆斯·沃森也完成了自己的基因组测序，至于到底是谁先完成的尚不清楚。

那是 2007 年的事了。那时候，测序一个人的基因是不可思议的。现如今，这几乎已司空见惯了——只要你有这个意愿而且手里有几千美金闲钱，你就可以做一次基因组测序。成千上万人已亲身体验。

你觉得几千美元很多？要知道，人类基因组计划光是绘制出第一份人类基因组草图就花了近 30 亿美元。据估计，在 2001 年，测序一个人的基因组差不多要花 1 亿美元。之后，随着技术的不断进步，测序成本大幅降低了。如今，也许只用花不到 1000 美元就能做一次基因组测序，且检测成本仍在下降。相比之下，分析测得的基因组数据才是更大的挑战。为了更直观地感受测序成本的降低，你可以把基因组测序想象成一辆崭新的兰博基尼，零售价 428000 美元。而如果按基因组测序的成本降幅换算，你就能以 4.30 美元的超低价提一辆锃亮的新座驾了。

身上有几块钱吗？咱们开着这个宝贝儿去兜风吧！

第三章 那个并不矮的男孩

试图改变人的本性，注定是徒劳。

———阿里斯托芬

不同的人易犯的错误也各不相同。我特别容易犯的错误恰恰是很多魔术的基础。魔术师表演魔术多少都要依赖"误导"——将你的目光引向别处，让你注意不到眼前正在发生的大事。在医学领域，"误导"可能来自其他医生、患者本人或纯粹的阴差阳错，而这往往会导致低级错误，即那些但凡你的关注点正确就绝对不会犯的错误。

如果说魔术的艺术是"误导"我们，那医学的艺术往往是找到不被"误导"的方法。我们常说"新手易中的陷阱"，殊不知，老手也可能陷入其中。

几年前，一位有年资的全科医生将一个小男孩转诊到我这儿，以查明是什么原因导致他身材矮小。这有点不寻常，因为大多数情况下全科医生会让孩子先去看儿科医生，之后可能再去看内分泌科医生（他们是激素方面的专家，其中就包括控制生长的激素）。不过，很多遗传病也可能导致孩子身材矮小。从这个角度来说，就身高问题参考遗传学家的意见虽然不太多见，但不无道理。这个小男孩的情况十分令人担忧，因为他的身高增长趋势短时间内呈现了跨曲线的显著放缓。

儿科医生使用百分位曲线图来跟踪儿童的生长。这些图表能够反映儿童正常的生长变化过程，各个曲线代表了不同的百分位数。例如，3%的儿童身高高于第97个百分位，25%的儿童身高低于第25个百分位，50%的儿童体重低于第50个百分位……大多数孩子在大多数时候都会沿某一特定曲线生长。从小就相对矮小的孩子，之后很可能也不高。

生长百分位曲线图的优点在于，你可以很容易地依据它来判断孩子的生长发育是否正常。如果孩子有个大脑袋，这仅仅是家庭遗传使然吗？

要找到这个问题的答案，就要按同一条百分位曲线来持续跟踪这个孩子的头围。他的头围是否跨越了上方的曲线？如果是，那可能是个问题。如果增长幅度过大，他很可能需要做一个脑部扫描。同样，如果一个人一直沿一条特定的身高曲线生长，然后身高突然掉了下来，就像这个故事里的小男孩一样，就有些令人担心了，也会立刻引起我们的关注。生长发育是孩子们最重要的事情之一，所以一旦他们停了下来，找出其中的原因至关重要。当然，这并不是说这个小男孩"缩水"了，而是在我们原本以为他会长 7 厘米的阶段，他只长了 1 厘米。

像接诊每一位新病人一样，我走完了整套流程。我询问了这个男孩的家人有哪些以及他们的身高如何。我了解了他母亲怀他时的情况、他出生时的情况和早期的生长发育情况。我给他做了检查，特别是看他有没有肢体发育异常，以及四肢和身体是否成比例。我还检查了他手掌的褶皱，因为如果手部的骨头很短，就会表现在手掌的褶皱上。

我一无所获，哪怕是一丝一毫的异样也没有。这个孩子看上去完全正常，无论从哪个方面来说，他一直都表现得不错，直到他的身高曲线陡然下降。

我的关注点又回到了身高曲线图上。幸运的是，男孩的母亲带来了他的"蓝册子"，也就是新手父母用来记录孩子健康信息的册子。更幸运的是，这个册子里还有很多这个孩子之前量身高的记录。我把这些数值标在了身高百分位曲线图上，答案马上就出来了。

除了 9 个月前测的一次高于第 90 个百分位，他目前为止测得的每一次身高数值都略低于第 25 个百分位。现在想想，9 个月前的那个数值肯定有问题：这个男孩的身高并没有从第 90 个百分位跌至第 25 个百分位以下，因为他从来就没达到过第 90 个百分位。

这个男孩并不矮，当然也不需要来找我看病。我并不认为这次看诊浪费了我的时间。从长远来说，这个孩子的母亲也绝对没有白跑一趟，因为这次转诊可能救了她的命。

在我还是一个医学生的时候，癌症是个神秘的东西。这倒不是说我们对它完全一无所知，恰恰相反，我们知道很多东西都可能诱发癌症。比如吸烟，这点毋庸置疑；还有石棉及某些病毒，如艾滋病（HIV）病毒。吸入芥子气也会导致癌症，不过幸运的是这种情况如今已经很少了。在澳大利亚这一黑色素瘤的世界"中心地带"（但欢迎来玩，你会爱上这里的），罪魁祸首当然是太阳。

我们甚至还知道有几种癌症会遗传，同时，早在 20 世纪 50 年代末就有证据表明癌细胞中存在基因变化现象。特别是在 1959 年，费城的两名研究人员（彼得·诺威尔[1]和戴维·亨格福德[2]）发现，在一些白血病细胞中，22 号染色体异常短小。这种异常的 22 号染色体被命名为费城染色体（the Philadelphia chromosome）。1973 年，珍妮特·罗利[3]发现，这种染色体之所以短小，是因为该染色体的一部分断裂并附着到了 9 号染色体上。事实证明，这一发现至关重要，因为它是在人类癌细胞中发现的第一个染色体异常现象。

多年以后，科学家们找到了费城染色体的致癌机理。两条染色体断裂的位置恰好位于两个不同的基因中间。费城染色体易位打断了这两个基因，同时又组合成一个新的极度活跃的融合基因。正是这一融合基因造成细胞生长失控，最终导致白血病的发生。这一发现反过来又催生了一组治疗某些特定癌症的新药（我们将其统称为"酪氨酸激酶抑制剂"）。

在过去几十年里，科学家们对癌症生物学进行了析毫剖厘的研究。结果表明，癌症几乎完全是一种基因组疾病。归根结底，癌细胞基因组中的罪魁祸首就是细胞"加速器"和"刹车"的失衡。

生长发育是生命的基本特征。刚受孕时，你只是一个细胞。就细胞

---

[1] 彼得·诺威尔（Peter Nowell，1928—2016），美国著名癌症细胞遗传学家。——译者注

[2] 戴维·亨格福德（David Hungerford，1927—1993），美国癌症研究专家。——译者注

[3] 就在罗利发现这一现象几周后，来自墨尔本的细胞遗传学家玛格丽特·加森（Margaret Garson）也独立地发现了同样的现象。她们俩是朋友，至于后来发生了什么，澳大利亚流传的版本是：罗利得知加森的发现之后，主动提出两人一起发表这一发现，但加森拒绝了，理由是罗利先发现了这一现象，荣誉应该属于她。

而言，它的个头很大，直径差不多有一绺头发那么宽，但它仍然是个非常非常小的东西。细胞最重要的任务之一就是生长，随着细胞不断分裂，信号就会传递给新的子细胞，促使它们增殖扩张。子细胞们接收到信号都乖乖照做了，而且多亏了你妈妈提供的丰富营养，它们都干劲十足。

这一切都很美好——直到问题产生。你的子细胞不断增殖再增殖，但不管它们如何增殖，也只是一团越来越大的细胞罢了，你早晚要做点什么。你需要一个形状，为此要让一些部位的细胞继续生长，而另一些则需要停下来，甚至需要让一些细胞死亡。受孕 6 周后，你的体重已经是你还是一颗受精卵时的快 500 倍了。如果你继续以这个速度生长，相信不用等到一周岁，你就已经比地球还重了。

这意味着，为了平衡第一阶段的加速生长，你的细胞还需要"刹车"。实际上，远远不止刹车那么简单，因为它们还要做各种各样的决定。比如，哪一端是顶部，哪一端是底部？哪边是左边，哪边是右边？比如，人体内有一对名为 LEFTY1 和 LEFTY2① 的基因，单看它们的名字就能找到答案。一旦你确定了顶部、底部、左边和右边，前部和后部也就确定了。这个时候的你还只是个团状物，但一切才刚刚开始。

接下来发生的变化可谓叹为观止。蛋白质以其独特的舞蹈来相互传递信号。指令会传达至每一个细胞，告诉它们接下来的命运："你，还有你所有的子细胞，都会变成皮肤细胞""你会成为神经细胞""你会成为肝细胞""沿着这条线生长""等你到这个地方就停止生长""不管你的工作是收缩以让心脏跳动，是发射电信号，让大脑正常运转，还是过滤净化血液，产生尿液，都马上行动起来！"

一些细胞接收到的信息是"你会死亡"。其实，这对生命活动有着多方面的重要意义。细胞程序性死亡是人体发育必经的一个过程，它可以帮你清除体内不需要的细胞。最好理解的一个例子就是四肢的发育。你的胳膊最开始是个小结节，之后会发育成鳍状，而你的手起初只是它末

---

① 确实，照这个标准应该还有个叫 RIGHTY 的基因，但是并没有。我能举的最接近的例子是一种对你身体中线至关重要的基因，叫作 MID1。

端的一个小疙瘩。要想发育形成手指，你指间的细胞必须消失。于是，它们就程序性死亡了。

这种传递给细胞的"死亡指令"在之后的生命过程中也发挥着重要作用。生病或受损的细胞可以启动"自毁"程序。如果没有这种机制，异常的细胞可能会过度消耗能量，毒害周围的细胞，妨碍其他正常细胞的活动，甚至转化成癌细胞。

因此，细胞接收到的信号共有三种：一是"加速器"——生长；二是"刹车"——停止生长；三是死亡。只有这三者的平衡才能维持人体正常的生理活动，而这种平衡的标准又因细胞而异。事实上，对于很多单个的细胞而言，"刹车"完全锁定。例如，一旦某个细胞发育为成熟白细胞，它基本上就不会再分裂了。而它一旦受损，就会被你骨髓中的干细胞所取代。干细胞是一种未完全分化的细胞，它们在人体各组织器官中徘徊待命，在身体需要的时候再进行分裂。干细胞每次分裂产生的一个子细胞会分化成所需的血细胞（也可能是肝细胞或肌细胞，视情况而定），另一个子细胞则作为干细胞继续待命。而一些其他类型的成熟细胞（如皮肤细胞）会保持分裂和自我更新的能力。

在人体的一些部位（如软骨和大脑），细胞的生命周期很长，几乎不需要更新。在其他部位，细胞的新陈代谢十分旺盛。皮肤细胞和肠壁细胞就是很好的例子，它们一直都在不断更新换代。这种频繁的细胞分裂无疑增加了出错的风险，这也是皮肤癌和肠癌如此多发的原因之一。

细胞的每一次分裂一般都伴随 DNA 的复制。想象一下，两套由 30 亿个碱基对组成的遗传信息要在短短数小时内完成复制，还是在一个非常狭小的空间里，出错也就在所难免了。其实，这样的错误一直都在发生，只不过大多数情况下，它们都会及时被 DNA 纠错机制发现并修复。但即便如此，还是会有不少"漏网之鱼"。一般而言，人体由约 30 万亿个细胞构成①。如果按平均寿命来计算，这意味着人一生要经历约 10^{16} 次细胞分裂。这比人体内细胞的数量多得多，究其原因，受精卵最终发育为成人要经历无数次分裂是一方面，死亡细胞的更新换代也离不开细胞分裂是另一方面。

那么，逃脱了细胞纠错机制的"漏网之鱼"到底有多少呢？一般情况下，你的 DNA 中存在 40 至 80 处突变，你体内每一个细胞的 DNA 都是如此。这些突变并不是你的双亲遗传给你的，却会通过你遗传给你的孩子。大多数情况下，这种突变源于父亲的精子。因为与漫长而精细的卵子产生过程相比，精子产生速度快、数量多但质量相对较低。

这些 DNA 中的新变化要紧吗？这取决于突变发生的确切位置。一些特定区域的基因突变会产生很大的影响，之后的故事就充分印证了这一点。大多数情况下，突变都发生在一些无关紧要的位置，如基因之间，或者其他任何把 C 换成 T 或把 A 换成 G 都没什么区别的地方。

那你身体生长发育所必经的 10^{16} 次细胞分裂呢？其间 DNA 复制的准确度又如何？最近的一项研究表明，通常情况下平均每次细胞分裂都会产生一个新错误。的确，事实就是如此——几乎每一次细胞分裂都会出现这样或那样的问题，基因组的复制自然也不完美。每一分每一秒你的基因组都在衰退。确切地说，你有的不是一个基因组，而是数万亿个与你与生俱来的基因组略有不同的基因组。几乎没有两个细胞的基因组成完全一样。

设想一下，你有 30 亿个 DNA 碱基对，而它们有 10^{16} 次被错误复制

———————
① 当然，这只是人类细胞的数量——要知道你体内还有大量的细菌、原生动物和真菌，可以说你体内这些非人类细胞的数量完全不亚于你自身的细胞数量。不过这些生物的细胞大多都很小，所以总的来说还是人的细胞处于主宰地位。也许你今天早上醒来时觉得自己是一个"人"，那么你只错了约 3%，因为准确地说，你 97% 是一个"人"。嗯，倒也还好。

说一下，寄居在我们体内的不仅仅是单细胞生物。记得上大学的时候，有个老师说我们的肠道里有很多虫子，所以与其问候某个人"早安"，我们更应该说："你的线虫还好吗？"

这让你感到不适，我建议你千万不要去查"脸螨"是什么。真的不要，就当我从没提过吧。

的机会，那么实际上在一个人的一生中，每种可能的遗传变异都要发生无数次。不管是"刹车"基因受损失灵，还是"加速器"基因"关"不上了，抑或像费城染色体那样催生出一种全新的"加速器"基因，发生的概率都很高。

说到这儿你也许会问，那我们是怎么活到现在的，怎么可能从受孕到出生都没有患上癌症，更不用说还能健康地活过童年、长大成人？

这个问题实际上有几个不同的答案。首先，也是最为重要的一点，健康细胞到癌细胞的转变不是一夜之间发生，（通常）也不是单一基因突变的结果。人体内一般都有"备份"机制，因此大多数情况下，单纯一个突变并不足以引发癌症，只有更多基因突变累积在一起，并且在同一个细胞内，才会导致癌症的发生。但要弄清到底需要多少基因突变有点难，因为癌细胞的一大特点就是其 DNA 复制往往带有"随意性"，因而容易出错。但其中有一些突变并不是导致细胞癌变的原因，相反，它们是细胞癌变过程的产物。也就是说，癌细胞的 DNA 中，除了"司机突变"①，还有"乘客突变"——它们不会直接导致癌症，但搭了这趟"顺风车"。所以，我们在研究癌细胞 DNA 的时候，有时很难判断到底谁才是真正的罪魁祸首。

如今，通过利用全基因组测序技术对肿瘤进行测序，并将其与正常组织基因组进行对比，我们能够更为直观地认识正常细胞癌变背后的机理。结果表明，真正导致癌症的基因突变可能并没有那么多，通常六七个足矣，对某些癌症而言可能更少，也许只有一两个。但别忘了一点，这些突变必须以某种特定方式组合在一起才能诱发癌症。毕竟我们的身体里都有大量的致癌突变，它们就待在那里，不声不响。

这到底有多可怕呢？这么说吧，如果你是个神经质的人，还是跳过下面的部分为好。

2015 年，一组来自英国的科学家曾展开过相关研究，旨在证实这一

---

① 这里的"司机"可以是失灵的"刹车"基因或过于活跃的"加速器"基因。总之，任何让细胞加速生长的基因突变都可以统称为"司机突变"。

问题的严峻性（虽然他们不一定这么想）。当时，有四个做上眼睑下垂手术的人捐献了切除的多余皮肤用于研究。这些皮肤组织在显微镜下看起来完全正常，研究人员从中提取了 234 份微小活组织样本进行检查，并读取了每一份样本的基因序列。他们只重点观察了 74 个已知的与癌症有关的基因，寻找其中是否有潜在致癌突变。

我不知道他们的预想如何，但他们的发现着实……令人不寒而栗。

我们为什么没有死于癌症呢？首先，只有当这些突变碰巧都发生在同一细胞中时才会引发癌症。其次，你的免疫系统非常善于消灭癌细胞。任何癌细胞想要在你体内站稳脚跟并发展壮大，都要先过免疫系统这一"细胞警察"的关。这也是为什么有免疫缺陷的人患癌的风险会增加。

还有一类人，他们患癌症的风险也比一般人高。他们不幸从父母一方那里继承了一个有缺陷的"刹车"或"加速器"基因。设想这种突变从一开始就存在于他们体内的每一个细胞中，潜在的原癌基因自然就抢占了先机。这就有了所谓的肠癌家系、乳腺癌家系、卵巢癌家系……

在这样的家系中，癌症的发病年龄往往要小得多，这是因为癌细胞在更早以前就已经开始酝酿了。因此，当我们看到一个家族中有多位成员罹患与某种特定基因相关联的癌症（如乳腺癌或卵巢癌），且他们中的很多人都是在年轻时确诊的，我们就会怀疑该家族中存在某种癌症的家族遗传现象。

很多癌症都有家族遗传性，但这种情况大都很罕见。迄今为止最常见的包括肠癌、乳腺癌及卵巢癌的家族性遗传。其实，判断一个家族中是否存在遗传性癌症并不总是那么容易。一方面，癌症如今已十分常见，因此很难分辨它到底是与家族性癌症综合征有关，还是仅仅由于坏运气使然。另一方面，有癌症家族史只意味着患癌的风险增加，而非一定会患癌，很多人继承了致癌的基因缺陷却仍安然无恙，一生都没有受癌症的困扰。除此之外，性别也是一大影响因素。同样是继承了一种乳腺癌基因（BRCA1 或 BRCA2）突变，男性患癌的概率要比女性低得多。当然，他们也可能罹患乳腺癌，概率也比一般人群高得多，但与女性相比仍属罕见。与此同时，携带这种突变的男性患其他癌症的风险也会增加，只不过其发病机制并不那么明确。所有这些都意味着癌症的家族遗传有时十分复杂，难以辨别。

这也曾是那些最初试图寻找这些基因的科学家所面临的一大挑战。如今，遗传学家只需对极少数患者进行研究，就有可能找到某种遗传病的致病基因。这一方面要归功于我们已掌握的人类基因组序列，另一方面也与强大的新一代基因测序技术密不可分。例如，我前不久带了一名叫艾玛·帕尔默的博士生，现在她正致力于癫痫性脑病（the epileptic encephalopathies, EEs）的研究。这是一组多发于婴幼儿的严重神经系统疾病。科研人员发现，至少四种不同基因的突变都可能导致这种疾病的发生，而在寻找这些基因的过程中发挥主要作用的正是当时还在读博的艾玛。毋庸置疑，艾玛是位出色的研究员，但在过去，一位博士生能取得这样的成就不可想象。

从 20 世纪 80 年代末一直到 90 年代中期，见证了科学家们为寻找 BRCA1 和 BRCA2 所付出的艰苦卓绝的努力。这两个基因都属于"刹车"基因，一旦它们发生突变，就会使细胞踩刹车的"脚"（假装它们有）略微松开。几十年前，科学家们就已经注意到一些家族中存在一种可遗传的乳腺癌或卵巢癌，这些家族中的成员确诊癌症的平均年龄比一般人群要小。此后多年间，研究人员一直在寻找能够帮助他们定位相关致病基因的遗传标记。还记得上一章的果蝇基因图谱吗？这一次研究人员想要寻找的不是"黄体""白眼"等肉眼可见的性状间的连锁关系，而是与癌症基因相关的特异 DNA 片段（即分子标记），离目标基因越近，这种连锁就会越紧密。

成百上千名研究人员夜以继日地工作，无数有家族史的乳腺癌或卵巢癌患者自愿参与研究，只为找到这两个基因。1990 年，加州大学伯克利分校玛丽·克莱尔·金博士率领的研究团队宣布，他们已经把 BRCA1 的定位范围缩小到了人类基因组第 17 号染色体上。其后，金博士团队及其他研究团队顺着 17 号染色体一点点寻找，又将这一范围进一步缩小。1994 年 5 月，美国犹他大学的一个研究小组与英国剑桥大学的研究小组合作发表了一份 BRCA1 基因所在区域的详细基因图谱。当时的这份图谱仅包含了 20 多个基因，BRCA1 肯定就在其中。终于，到 1994 年10 月，寻找该基因的竞赛终于落下了帷幕。犹他大学的马克·斯科尔尼克 ① 和同事宣布他们成功分离出 BRCA1 并发表了该基因的序列。消息一出，便轰动了整个遗传学界。同年，由斯科尔尼克团队创立的万基遗传科技公司（以下简称万基公司）为该基因申请了一项专利。然而这只是个开始，其后，该公司又获得了 BRCA1 相关的多项专利授权，几乎垄断了 BRCA1 检测的市场，但尝到甜头的万基公司并没有止步于此。与BRCA1 基因的发现过程类似，在多国科研团队的协同努力下，BRCA2最终被定位于第 13 号染色体。1995 年 12 月，英国癌症研究所的迈克尔·斯特拉顿 ② 教授团队精确定位了 BRCA2，并在《科学》杂志上发表了该基因的序列。但就在那篇论文发表的前一天，万基公司宣布他们也找到了这一基因，并且已为其申请了专利。

在遗传学界的大多数人看来，申请基因专利似乎十分荒谬，过去如此，现在亦如此。毕竟万基公司只是这两个基因的发现者，而非发明者。此外，他们的这一发现，离不开那些公共资金支持的研究小组为绘制基因图谱所做的不懈努力，也离不开无数参与研究的志愿者所做的无私奉献。一家公司想从如此来之不易的基因中牟利，实属不该。事实上，万基公司不仅获利颇丰，而且长期以 BRCA1 和 BRCA2 基因专利持有者的身份自居。

围绕这两个基因的专利之争在世界各地以不同的方式上演。在美国，万基公司垄断了诊断性 BRCA1/BRCA2 检测市场近二十年，包括美国分子病理学协会、公共专利基金会等在内的多个组织就该公司持有的基因专利权问题向联邦地方法院提起诉讼。其间，联邦巡回上诉法院曾两次判定万基公司的基因专利权有效，直到 2013 年 6 月 13 日，美国最高法院做出终审判决，终止对万基公司持有的 5 项 BRCA1/BRCA2

① 马克·斯科尔尼克（Mark Skolnick, 1946—　），美国人口遗传学家，犹他大学医学信息学系兼职教授。——译者注
② 迈克尔·斯特拉顿（Michael Stratton, 1957—　），英国临床科学家、现任维康桑格研究所所长，专攻癌症遗传学研究。——译者注

核心专利的保护。在澳大利亚，一家名为基因技术有限公司（Genetic Technologies, GTG）的基因测序公司持有人类基因组全部非编码基因的专利权，换言之，该公司拥有大部分人类基因组序列的专利。但容我"剧透"一下：基因技术有限公司也不是这些基因的发明者，但仍被授予了专利权，并声称万基公司侵犯了这项专利。这场专利之争最后以基因技术有限公司获得 BRCA 基因在澳大利亚的专利权而告终。这一判决在当时备受争议，因而也从未真正执行，直到 2015 年，澳大利亚高等法院判定基因技术有限公司持有的这些基因专利无效。判决一出，整个遗传学领域长舒了一口气。

据说，女性拥有的亲戚数量是男性的两倍。因此，如果我们探寻一位女性的家族史，她能告诉我们的信息通常是她兄弟的两倍多。千万别小看这一点，有时这真的很重要。记得第一次见到那个并不矮的男孩时，我就是从他母亲那儿了解的家族史，因为我们通常都这么做。她告诉我，她 50 岁的堂（表）姐前不久被诊断出了乳腺癌，此外她还知道家族中有两个亲戚年纪轻轻就因乳腺癌去世，还有一位死于卵巢癌。但她此前并不知道乳腺癌和卵巢癌可以遗传，自然也从未想过咨询医生的意见，退一万步讲，我们医生一般也会先为已经确诊癌症的人做基因检测。从这个角度来说，假如她堂（表）姐的父亲了解相关家族史，并将这些关键信息传递给了女儿的医生，医生原本是能够将这些蛛丝马迹拼接成一个完整的家族遗传链条的。

所以听完孩子母亲的家族史介绍，我就马上安排她堂（表）姐到专业癌症遗传学检测机构做检测。结果显示，她是 BRCA1 突变的携带者。之后，那个男孩的母亲也决定去做检测，发现自己也继承了该缺陷基因。当然，从某种意义上说，这对她而言是个坏消息——不知道自己属于患癌高风险人群可能要好得多。这也给了她更多选择，包括进行更为全面的癌症筛查，这样就有可能及早发现癌症，治愈的机会也更大。此外，她还可以选择通过预防性手术来降低患癌风险，即提前切除卵巢和乳腺，不给癌症以任何可乘之机。这是个艰难的选择，但它确实能够有效降低 BRCA1 突变携带者死于癌症的风险。对于这一家族中的其他女性而言，她们也因此获得了做基因检测的机会。早晚有一天，这将会挽救这个家族中某个人的生命。

　　虽然我是一名医生，但安吉丽娜·朱莉挽救的生命比我已经或是希望挽救的要多得多。在她分享了如何发现自己携带 BRCA1 突变，以及选择接受预防性手术降低患癌风险的故事后，我们国家大大小小的癌症遗传学检测机构都人满为患。无数人开始重新审视自己的家族史，他们纷至沓来，想要通过基因检测求得一份心安。我们称这种现象为"朱莉效应"。那段时间，我们的实验室里堆满了采集来的样本，其中很多都检测出了 BRCA1/BRCA2 突变阳性。与此同时，在澳大利亚和美国，像朱莉那样接受预防性手术的人数翻了一番，可能在许多其他国家也是如此。正是因为朱莉当年选择了勇敢发声，很多人才幸免于难。

　　诚然，BRCA1/BRCA2 突变携带者患癌的风险要比一般人高得多，但就每一个个体而言，一切又都是未知的。同样是携带了突变基因，有的人与它相安无事，而有的人却因它英年早逝。这也就意味着，预防性手术到底做还是不做，谁也没有确定的答案。事实上，在不确定性中选择是遗传学永恒的命题，也是我们下一章要探讨的主题。

第四章 不确定性

洗牌的是命运，但打牌的是我们自己。

——亚瑟·叔本华

命运不是一只翱翔的雄鹰，它像老鼠一样蹑手蹑脚。

——伊丽莎白·鲍恩 ①

---

① 伊丽莎白·鲍恩（Elizabeth Bowen，1899—1973），英国女作家，代表作包括《心之死》《巴黎之屋》等。——译者注

杰森已经记不清家里平静无事时的模样了。那也许在他还是个小男孩的时候，但后来一切都变了。他父亲的情绪开始剧烈波动，有时还会无缘无故地大发雷霆。虽然从未升级为任何暴力行为，但还是让杰森的父母陷入了无休止的争吵；而这一吵就是数年。最终，在杰森12岁时，他的母亲打包好所有的东西带着他和姐姐离开了这个家，到另一个州生活。这一别，杰森就再也没见过他的父亲。

多年以后，回想起那段黑暗的日子，杰森会想也许那时他的父亲就已经生病了，而正是这种病最终夺走了他的生命。

记得我第一次见到杰森的时候，他刚步入而立之年。他和未婚妻劳伦已经同居两年了，想到结婚、生子以及携手相伴的未来，一切都看似那么美好。但眼下，杰森只想知道自己到底有没有未来。

杰森带来了一封他八年前收到的信。这封信的开头是"敬启者"，信中提到，杰森的父亲被诊断出患有一种叫作亨廷顿病的遗传病，这意味着他的亲戚也有罹患这种疾病的风险。有鉴于此，特以这封信的形式传达这一关键信息，以供收信人进行相关临床遗传咨询时参考。

按遗传病的标准来说，亨廷顿病①并不罕见——每10000人中就有1人患有这种病。这是种非常残忍的疾病，主要表现为三大症状：运动障

---

① 正如我们将在第七章中看到的，亨廷顿病虽然以在1872年描述这一病症的乔治·亨廷顿（George Huntington）的名字命名，但他并不是第一个，也不是第二个、第三个描述这种病的人。在他之前，已经有人分别在1832年、1841年（或1842年）、1846年、1860年，以及1863年发表论文描述过这种病症。另外，还有五人原本也可以"留名"，但他们没有，他们中的三人发表论文的时候亨廷顿甚至都还没出生！

碍、精神障碍以及进行性认知障碍。亨廷顿病发病年龄和病情进展的个体差异非常大，最典型的情况是一个身体向来很好的人到了 40 岁后就会开始表现出一系列症状。起初，这些症状都很轻微，人们很容易把它们当成步入中年的正常衰老现象而付之一笑，根本不会将其与行动笨拙、性格淡漠、焦虑不安等不好的迹象联系在一起。有人可能会开始察觉出一些异常：得了这种病的人会不由自主地运动，主要表现为面部和四肢的抽搐；抑郁可能会接踵而至；他们的身体渐渐失去平衡，稍微复杂的动作都难以完成。随着时间的推移，这种脑功能的减退会愈发严重，最终患者会丧失自理、行动、说话以及吞咽的能力。所有这些症状需要数年才会逐步显现，因而大多数患者发病后还能存活 10 年甚至 20 年。简言之，亨廷顿病是一种病程缓慢的神经退行性疾病。

对亨廷顿病最早的描述始于 19 世纪上半叶，正是从这些描述中，研究人员发现了这种病的家族遗传性。亨廷顿病是一种常染色体显性遗传病：如果你是一名亨廷顿病患者，那么你的孩子就有 50% 的概率继承致病基因而具有患病风险。亨廷顿病是由负责编码亨廷顿蛋白（huntingtin，HTT）的 HTT 基因发生突变导致，但这种突变有些特别。究其原因，亨廷顿病其实是一种三联体重复序列疾病。说到三联体，你应该还记得第一章提到的三联体遗传密码吧，它由三个碱基为一组排列而成。HTT 基因上有一段三联体重复序列：CAG CAG CAG CAG CAG……

其中，CAG 密码子编码一种叫作谷氨酰胺（glutamine）的氨基酸。亨廷顿病的发病机制就是这段 CAG 重复序列异常扩增，编码产生带有异常聚谷氨酰胺片段的亨廷顿蛋白。之所以用"异常"一词，是因为我们大多数人 HTT 基因外显子上的 CAG 重复次数不会超过 35 次，通常是 15—20 次，因而不会患上亨廷顿病。CAG 重复次数在 36—39 次之间的人则可能发病，有时比一般发病年龄要晚，病情进展也更为缓慢。幸运的话，他们可能永远都不会发病。那些 CAG 重复数在 40 次及以上的人就没那么幸运了，除非他们因其他疾病先行一步，否则亨廷顿病发病是早晚的事。

话说回来，是不是只要 CAG 重复数不超过 35 次就可以高枕无忧了呢？也未必。如果 CAG 重复扩增数达到 27 次或更多，在精子或卵细胞的形成过程中，细胞的 DNA 复制机制会不堪重负，出错也就在所难免了。这种错误非常特别，说得形象点就是 DNA 复制机制在复制这一段重复序列时可能会"打滑"，像极了一张卡住的唱片——CAG CAG CAG（跳过）CAG CAG（"咦，我刚复制到哪儿了？算了继续。"）CAG CAG CAG……这就意味着，亨廷顿病患者的后代遗传得到的 CAG 重复序列可能比他们的父母更长（有时也可能更短）。

还有一点，视致病重复序列来自父方还是母方。虽然背后的原因还不得而知，但这一点至关重要。总的来说，从父亲那里继承这种致病重复序列要比从母亲那里继承更糟[1]。这是因为父系遗传的CAG重复序列缩短的概率比母系遗传低得多，发生扩展的可能性却高得多，而致病重复序列越长，发病年龄就越小。所有这些因素作用的结果之一就是亨廷顿病在家族中呈现逐代加重的趋势，即发病一代比一代早，且病情进展一代比一代迅速。不只亨廷顿病，很多遗传病都是如此，这种现象叫遗传早现（anticipation）。当初遗传学家们为了弄清到底哪些遗传病存在这种逐代加重现象，可是花了不少功夫。一方面，这种现象本身就有些怪异和出乎意料；另一方面，很多时候遗传谱系图表现出的遗传早现仅仅是巧合使然。这种巧合部分要归结于一个现实，即一个家系中首个被诊断出患有某种罕见遗传病的人往往是病情十分严重的孩子。孩子的父母也是这种病的患者，只不过症状可能比较轻。这种情况看起来很像遗传早现，退一万步说，即使它并不是，可能也需要再见上好几个家庭才能完全排除这种可能性。

相信读到这里，你大概也认识到了遗传早现这一问题的严重性。以亨廷顿病为例，如果遗传早现意味着发病年龄逐代提前，那么按照这一趋势发展下去，最终的结果也许是患者在很小的年纪就会发病——这完

---

[1] 也许你会认为这是制造卵子的过程优于制造精子的过程的一个例子，但这似乎并没有那么简单。一些其他的三联体重复序列病，如脆性 X 综合征（fragile X syndrome, FXS）和肌强直性营养不良（myotonic dystrophy, DM），情况则恰恰相反——母系遗传的致病序列更易发生扩展。

全可能。少年型亨廷顿病（Juvenile Huntington's Disease, JHD）一般在20岁之前发病①，而儿童有时甚至会在 5 岁时就出现症状。如此年幼的孩子被诊断出亨廷顿病对一个家庭而言无疑是双重打击：几乎可以肯定，孩子的父亲也是 CAG 重复扩增序列的携带者，虽然序列的长度可能没那么长，但发病也是迟早的事。

为了能让你更设身处地体会杰森来找我时的感受，我想再补充关于亨廷顿病的最后一点：至少到目前为止，这种病仍无法治愈。当然，有一些治疗方法可以缓解亨廷顿病的症状，但都只是权宜之计，这种残忍的疾病一旦发病就会愈发变本加厉，像一辆永不回头的重型卡车，缓缓地驶向那唯一的终点。

现在，我们假设你有 50% 的概率抽中亨廷顿病这张烂牌，而我们可以通过一个简单的基因检测告诉你答案，这时你会如何选择呢？

事实证明，大多数人的选择都是坚决不做检测。近九成的人明知自己有患病的风险，却仍决定这么做。这背后的原因不尽相同。许多人认为，即使知道了这一可能改变他们命运的答案，还不是徒增忧虑却又无能为力？既然如此，还是不知为妙。对另一些人而言，与其接受检测得到一个肯定的坏消息，倒不如保留悬念，或许等待他们的是健康平安的一生呢？毕竟，对于有些东西，你知晓一切也无计可施。

也就是说，只有为数不多的人会找遗传学家做这项检测。读到这儿，你大概会觉得如果换作是你，你一定会选择做检测，但我想说你很可能是错的。当被问及如果面临这一选择是否会选择接受检测的时候，约80% 的人回答"是"，这几乎与实际情况相反。这种人们在面对现实选择时所表现出的心中所想与实际所做之间的差距有一个名词，叫作"意向－行为差距"（the intention-behaviour gap）。其实，这一现象不仅适用于是否做亨廷顿病检测这样非常私人和关乎人生的决定。不知道你有没有过这样的经历：心血来潮注册了健身房会员，到头来却发现自己去健身的

---

① 少年型亨廷顿病患者的 CAG 重复数至少有 50 次，发病最早的患儿其 CAG 重复数可能超过 60 次。

次数其实寥寥无几。这便是我们所说的意向－行为差距。

话虽如此，那些真正选择接受检测的人往往都下定了决心。有时，来找我做检测的人中不乏像杰森那样等待了数年才勇敢迈出第一步的人。据我的经验，只要成功说服自己迈进我的诊室，你会反悔的可能性小之又小——这些年来，我见过的在步入我诊室大门的那一刻或是刚进来之后临阵脱逃的人用一只手都能数得过来。如果这种情况真的发生了，一般也是在最后一刻。我们部门的档案中有一个密封的信封，里面装的是一位男士的亨廷顿病基因检测报告。他在接到电话得知自己的检测结果已经出来的那一刻改变了主意。那个未拆开的信封就这样静静地在那里等候着它的主人，而这一等就是 15 年。如今这么多年过去了，想必他不用拆开信封也已经知道答案了吧——出现症状或安然无恙，二者中的一个，答案显而易见。

不过，不时也有人来找我做亨廷顿病检测，却并不怎么想知道结果如何。他们的情况多半与杰森类似：想要组建家庭、为人父母，不想把致病基因传给孩子。针对这类群体，我们有一项特别的检测方法——排除法。

亨廷顿病的致病基因 HTT 位于人类基因组第 4 号染色体上。我们所谓的排除法亨廷顿病检测，就是要确保胚胎继承的是杰森母亲而非他父亲的 4 号染色体。这是因为杰森体内有两条 4 号染色体，一条来自他父亲，另一条来自他母亲，而携带亨廷顿病致病基因的是他的父亲。也就是说，杰森会随机地把他父亲或者母亲的那条 4 号染色体遗传给他的孩子[①]。因而如果胚胎继承了它祖母的 4 号染色体，那就完全没有什么可担心的了。换言之，检验人员不需要找出杰森父亲的亨廷顿病基因在哪一条 4 号染色体上，也能够得到想要的答案。这样，我们既可以尊重杰森本人不想知道自己检测结果的意愿，又能够确保他的孩子不会患上亨廷顿病。

杰森和劳伦仔细考虑了这个方案，但杰森已经下定了决心：他要知

---

① 实际情况要比这更复杂一些，因为还要把重组（recombination）考虑在内。所谓染色体重组，指同源染色体配对时发生互换，使得同源染色体上的基因在遗传到子代时出现不完全连锁的现象。所以事实上，我们要寻找的是继承了其祖母那段包含 HTT 基因的 4 号染色体的胚胎，而不一定是继承了整条 4 号染色体的胚胎。

道自己的命运会何去何从，才能规划未来。我见到杰森的时候，已经是他第二次来我们医院了——他已经见过我的同事，遗传学顾问丽莎·布里斯托（Lisa Bristowe）了。丽莎向他们二人详细解释了亨廷顿病检测的相关事宜，包括检测做还是不做及其各自的理由，检测结果可能对保险产生的影响[1]，以及杰森应如何应对可能的结果，等等。丽莎向来都对潜在的危险信号十分敏感：不好的检测结果对面前这个人会是毁灭性打击吗？结果出来的时候他需要特别的心理支持吗？我们已经安排杰森去看了神经科医生，检查结果显示他目前并没有患亨廷顿病的迹象。这意味着如果杰森最后的检测结果是亨廷顿病基因阳性，就说明他虽然现在没有发病，但迟早都难逃罹患亨廷顿病的厄运。我们还提出为他约一位心理医生，但杰森拒绝了。

这次会面，我们又把一些关键问题快速过了一遍，还进一步讨论了亨廷顿病这种疾病，然后安排了检测。准确地说，我们为杰森安排了两次检测。通常这种预测性基因检测我们都会做两次，一来是为了减小检测结果出错的概率，二来是因为实验室错误的罪魁祸首往往是弄错了检测样本。两管不同的血液样本被搞混的情况已属罕见，而如果采集两份样本分别送检进行独立检测，出错的概率就微乎其微了。

六周后，我们又见到了这对夫妇。那天早晨，我拿着装有杰森检测结果的信封向门诊走去。我们约好见面的时间马上就到了，杰森夫妇也已到达医院，正在等候我们的到来。这时，我拆开了手中的信封。

老实说，我并不怎么相信运气。但说来也巧，杰森来找我的时候适逢我被命运之神眷顾的一段时间，长达两年的时间里，我所检测的人收到的竟无一例外都是好消息，杰森也不例外。

虽然杰森和劳伦肯定不这么认为，但对于丽莎和我而言，预测性基因检测是再常规、再直接不过的亨廷顿病检测手段了。不过，有时这种

---

[1] 可以想象，人寿保险公司并不愿意为患有亨廷顿病的投保人承保。在我写这本书的时候，澳大利亚已呼吁保险公司中止以基因检测结果为基础的"基因歧视"，这不仅适用于保额高达 50 万美元的人寿保险，对一些其他类型的保险也同样适用。目前，这都是自愿的，我们也不知道它会不会变成一项长久性禁令。

看似简单的检测，反而会让事情变得复杂。假如有这样一对同卵双胞胎姐妹，她们有 50% 的概率会患上亨廷顿病，其中一人想接受基因检测，而另一个却不想。问题在于，这种情况下你检测了一个人，实际上也就相当于检测了另一个人。当然，我们不会把检测结果告诉双胞胎中的另一个，但她无意中发现的概率有多大？或者换句话说，这个秘密到底能瞒多久呢？

就算不知何故，她对这个结果一无所知，但她的双胞胎姐妹知道那个可能影响她们二人的答案，这是不争的事实。想象一下这样一个情景，你就是那个"蒙在鼓里"的双胞胎之一，正和自己的双胞胎姐姐（妹妹）聊天。本来，这只是姐妹间再普通不过的交谈，但因为一个预测性基因检测，一切都不一样了：此刻坐在你身旁的那个人不仅知道你们共同的命运，而且随时可能在有意无意间把那个答案透露给你，一个轻轻的点头或摇头足矣。

我从未遇到过这种情况，但我们不时会碰到像金这样的人。金的外祖母前不久因亨廷顿病去世了，因此他想检测一下自己是否也携带致病基因，但他的母亲不愿意这么做。即使金的检测结果是好的，我们对他母亲的情况也还是一无所知①；但如果他被查出继承了这种缺陷基因，那么他母亲一定也是如此。最终，她决定尊重儿子的意愿。金的基因检测结果表明，他并不是那不幸的 1/4（他母亲继承亨廷顿病缺陷基因的概率为 1/2，而她又有 1/2 的概率将该基因遗传给儿子）。不过，金的母亲到底有没有携带亨廷顿病基因，仍是一个谜。

如果我们检测的对象是儿童呢？为人父母，自然会担心自己的孩子将来会不会患上亨廷顿病这样的可怕疾病，因而也迫切地想要知道答案——主要是希望听到好消息，以求得一个心安。但这种预测性基因检

---

① 准确地说，是基本一无所知。数学上有一种概率叫作贝叶斯概率（Bayesian Probability），堪称遗传学家们的最爱。该定理告诉我们，如何利用新信息对我们已经做出的"对某事发生概率的评估"进行修正。在这一案例中，我们无须挖掘更多信息，这个小伙子没有继承亨廷顿病致病基因的这一事实，就将他母亲继承了这种基因的概率由 1/2 转变为 1/3。

测一经问世，遗传学界就一致认为应拒绝孩子父母的这种请求。这一决定是综合多方面考虑做出的，包括对这种检测可能造成基因歧视和污名化的担忧，以及担心有基因缺陷的孩子可能会因此受到伤害，等等。对于我而言，我们之所以应对这种请求说"不"，最重要的原因在于，儿童也有选择权。如果我们遵从父母的意愿为孩子做基因检测，我们就剥夺了他们不接受检测的权利。要知道，在做与不做检测之间，大多数成年人都选择了后者。既然如此，我们早早地剥夺孩子选择的权利，对他们真的公平吗？

所有这些讨论也好，争论也罢，都基于一个残酷的现实：纵使科学家们为寻找亨廷顿病的治疗方法倾注了大量心血，这种病至今仍是无法攻克的医学难题。倘若有一种药物可以将亨廷顿病扼杀在摇篮里，而且为了保证药效的发挥，须从小就开始服用，我们此前设立的种种规则马上就要推倒重来。存在这样争议的疾病还有很多，家族性腺瘤性息肉病（familial adenomatous polyposis，FAP）就是一个典型的例子。这是一种以结肠多发性息肉为特征的常染色体显性遗传病。若置之不理，发展成结肠癌几乎不可避免。一旦结肠内出现息肉，就需要通过手术切除结肠。这种结肠息肉一般在 15 岁前后开始出现，但也不排除更早出现的可能。因此，有家族性腺瘤性息肉病家族史的人，在 10 至 12 岁左右就应开始做结肠镜筛查。

正因为如此，为有家族性腺瘤性息肉病风险的儿童做基因检测虽然非同小可，但完全无可非议。家族性腺瘤性息肉病和亨廷顿病有重要区别。首先，家族性腺瘤性息肉病的发病年龄通常要早得多，毕竟如果像亨廷顿病那样成人后才发病，我们一般不会提前数十年为一个儿童做基因检测。其次，面对亨廷顿病我们也许束手无策，但家族性腺瘤性息肉病不同，不管是肠镜筛查还是手术切除，起码我们能够做点什么，只不过这些检查或治疗手段可能没那么好受罢了[①]。换个角度想想，这未尝不

---

① 我可以用我的亲身经历告诉你，多亏了神奇的麻醉，做结肠镜其实没什么大不了的——做这项检查前的准备工作（肠道清洁）可一点都不好受。

是我们应推广家族性腺瘤性息肉病基因检测的又一个理由——差不多一半的有患家族性腺瘤性息肉病风险的孩子可以因此免受肠镜、手术之苦。

在亨廷顿病和家族性腺瘤性息肉病这两个极端之间的是一组遗传性心脏疾病。心肌病（cardiomyopathy），顾名思义，是一种与心肌有关的疾病。其中，肥厚型心肌病（hypertrophic cardiomyopathy，HCM）是最常见的一种类型，它以心肌肥厚为特征，易引起左心室流出道血流受阻。扩张型心肌病（dilated cardiomyopathy，DCM）也很常见，主要表现为心室扩大，并伴有心室收缩功能减退。这两种心肌病都可能导致心电活动异常，进而引发致命的心律失常或心脏骤停。还有一些心脏病，如长QT综合征（long QT syndrome，LQTS），虽不伴有心肌病变，却也会导致心电活动异常。

上述几种心脏病主要为常染色体显性遗传，就像亨廷顿病与家族性腺瘤性息肉病那样，而且这些心脏病在一个家族之间以及不同家族之间的表现差异非常大。我曾碰到过一个14岁的男孩，他在放学回家的路上拐进了街边的一家快餐店，看上去和一般的孩子没什么不同。谁知，排队时他突发心脏骤停，倒地不起。但那个男孩是幸运的，因为说来也巧，那天排在他后面的女士是名护士。她见状立即为男孩做心肺复苏，一直做到救护车抵达。男孩最终被救了回来，没有留下任何后遗症，真是万幸。但医生检查发现那个男孩其实患有严重的心肌病，这正是让他心脏骤停的元凶。我们通过基因检测锁定了导致他患病的基因突变，并对他家族中的其他成员进行了筛查追踪。结果表明，该家族中好几个人的心脏都有问题，只不过病情相对较轻，男孩的母亲也不例外。更值得一提的是，男孩年逾古稀的外祖父，老人生来就携带了和外孙一样的基因突变，然而这么多年过去了，他的心脏依然无比健康。

至少对成年人来说，决定接受这类遗传病的基因检测，往往要比接受亨廷顿病检测容易得多。诚然，做出这样的决定也并不容易，尤其是当你检测发现自己有患上某种严重心脏病的风险时，你可能会万念俱灰。但这类疾病好就好在有药可医，有效的治疗手段可以极大地降低死亡的风险，而且如果足够幸运，你也许永远都不会出现症状。然而，我们依旧面临同样的问题：是否应该为这些家族中的孩子做基因检测，看看他们有没有继承某种心脏病的"风险基因"？即使他们真的携带了这种基因，这样的结果又意味着什么呢？毕竟，预测终归只是预测，而非预知。说不定，你就是那个被命运眷顾的幸运儿，得以带着"风险基因"健康地度过一生。另一方面，这些遗传性心脏病并非成年人的"专利"，很小的孩子患病的情况也时有发生。当然，你可以选择接受干预治疗降低患病风险，也可以通过基因检测以外的方式来筛查这类心脏疾病，比如超声心动图检查（echocardiography）就是个很好的选择。这类检查手段都属于非侵入性检测，成本也不算高。就算筛查发现了问题，到时候再接受针对性的治疗也来得及。

　　到底应不应该为儿童做遗传性心脏病基因检测？似乎没有人能给出一个确定的答案，遗传学家们意见不一①。这些年来，我自己的立场也发生了转变。如今，我会先向那些想给孩子做基因检测的父母详细解释所有检测相关的事宜，确保他们充分了解基因检测结果可能带来的影响。如果他们听完后仍有检测的意愿，我就会遵从他们的意见给孩子安排检测。如果是大一点的孩子，我会让他们一同参与决策，听取他们的意见。青少年给出的答案往往是"不"。

　　此外，从基因检测的角度来说，心脏疾病与脑部疾病、癌症等相比，还有些特殊。一个人如果检测出可导致遗传性心脏病的突变基因，也许不会招致歧视和偏见，却可能面临其他一些困扰。比方说，你长大想当一名飞行员，但你有没有想过，如果体检医生得知你做过基因检测，且结果显示你有发生心脏骤停的风险，会做何感想？当然，你或许能够健健康康地过完自己的一生，永远不受心脏病的困扰，但不要忘了，航空业是个不能冒风险的行业，航空安全容不得半点马虎。如果这样的基因检测结果最终让你与梦想职业失之交臂，也完全不足为奇。

　　就亨廷顿病、家族性腺瘤性息肉病以及遗传性心脏病而言，所谓的

---

① 准确地说，举棋不定的是遗传学家。心脏病学家在这个问题上的态度通常很明确：他们希望我们直接做基因检测，这样他们就可以省去很多不必要的筛查。

不确定性在于到底要不要接受检测。有时候，不确定性源自检测结果，而非检测本身。

李安和德里克想要个孩子已经有很长一段时间了，他们做了一项又一项检查，却始终找不到不孕不育的原因，但有一个因素是肯定的，那便是年龄。在这一点上，他们从一开始就不占据任何优势。这对夫妇第一次去看医生的时候，李安 37 岁，德里克 40 岁。当我见到他们时，李安已经 41 岁了，在数年来的无数次体外受精（in vitro fertilization, IVF）均以失败告终后，她最终自然受孕了。他们告诉我，这个结果让他们欣喜不已，但又不由得担心孩子的染色体有什么问题。很快，李安的孕早期超声波检查显示，胎儿的颈后部有积液，提示胎儿的染色体可能存在异常[1]。为进一步确诊，这对夫妇决定接受绒毛膜绒毛取样术（chorionic villus sampling, CVS）。这项检查须从胎盘中提取适量绒毛组织用于基因检测，其主要原理是胎盘与胎儿的染色体构成基本一致，因而如果胎儿染色体异常，这种异常也会反映在胎盘绒毛细胞中[2]。

李安的绒毛膜绒毛取样术检测结果显示，她腹中的胎儿有 45 条染色体，而非正常的 46 条；23 号染色体既不是 XX 也不是 XY，而只有一条 X 染色体。正是因为这一结果才有了我和德里克夫妇的第一次会面，我需要和这对父母谈一谈这对他们的孩子意味着什么。

一般而言（当然有例外），如果你有两条 X 染色体，你会是一个女孩[3]。如果你有一条 X 染色体和一条 Y 染色体，一般而言（当然也有例外）你会是个男孩。这就是为什么 X 染色体和 Y 染色体被称为"性染色体"。

其实，每一个胚胎在发育初期时都兼具发育成男性和女性的"潜能"。这是因为早期的两性胚胎都具有两套原始生殖管道，其一为沃尔夫

[1] 可能导致这种现象的原因还有很多，但如果胎儿的染色体以及 18—20 周的超声波检查都没有异常，胎儿一般都是健康的。
[2] 有时候，也可能出现胎盘染色体存在异常，胎儿却完全正常的情况。本书第十一章会详细探讨这一点。
[3] 此处——以及本书其他地方——我所谓的"男孩"和"女孩"、"男性"和"女性"都是指生理性别，而非性别认同（即心理性别）。

氏管（the Wolffian duct），可发育形成男性生殖腺；另一个则为苗勒氏管（the Müllerian duct），可发育形成女性生殖腺。当胚胎发育到第 6 周左右的时候，如果 SRY[1] 基因被激活，苗勒氏管就会逐渐退化，沃尔夫氏管则继续发育，是个男孩！ SRY 基因，顾名思义，位于 Y 染色体上。假如胚胎体内没有这一基因"发号施令"——例如，胚胎没有 Y 染色体的情况下——一组不同的信号就会发挥作用，"指挥"沃尔夫氏管退化，苗勒氏管继续发育，是个"小棉袄"！

当然，这是在正常情况下。

性别分化是一个复杂的个体发育过程，就像人体发育要经历的所有复杂过程一样，它也存在漏洞——不可避免地会出现一些错误。不管是男孩体内有两条 X 染色体，还是女孩有一条 X 染色体和一条 Y 染色体，所有这些性别分化过程中可能产生的错误都统称为性分化异常（disorders of sexual differentiation, DSD）[2]。性分化异常患者往往无法生育，但有时他们还会出现其他并发症，这是因为性别分化过程涉及的部分基因不仅在性发育中扮演重要角色，对人体其他部位的发育也至关重要。比如，婴儿性分化异常可表现为出生时外生殖器性别区分模糊。这种情况下，如果你问助产士"这是男孩还是女孩"，"我不知道"大概是最贴切的答案了吧。

说来你可能不信，尽管性染色体的异常可能也的确会引发这样那样的问题（取决于 X、Y 染色体异常的具体情况），但其实这种异常几乎不会对生理性别的判定造成任何困扰[3]。正如我在第一章中说的那样，你体内的所有染色体都确凿无疑有且仅有两条，多一条少一条都可能是致命

---

① SRY 的全称是"Sex-determining Region on the Y chromosome"（Y 染色体性别决定区）。

② 性分化异常又称"性发育异常"（disorders of sex development）、"性发育差异"（differences of sex delopment）。

③ 这种性染色体异常造成的性别判定困难主要发生在婴儿是镶嵌体的情况下，这样的婴儿体内的一些细胞中有一条 Y 染色体，其他细胞则没有。最常见的情况是有的细胞有 44+XY 共 46 条染色体，有的缺了那条 Y 染色体，即只有 44+X 共 45 条染色体。即使是这种情况，这个婴儿一般也是男孩，虽然也不排除其他可能——患有特纳综合征的女孩或外生殖器性别区分模糊的男孩。

的，唯独那对性染色体是个例外。

X染色体和Y染色体很特别，或者可以这么说，X染色体是独一无二的，而Y染色体只是跟着"沾了光"罢了。X染色体比Y染色体大，上面分布着多个重要基因，其中不乏大脑以及智力发育不可或缺的基因。相比之下，Y染色体上大多是无用的"垃圾"，要说它上面有什么基因，除了睾丸发育和精子产生所需的SRY基因，好像也没有什么了。

这着实令人费解。21号染色体比X染色体小得多，而且重要性远不及后者，但少一条都是致命的，照理说少一条X染色体更是如此，但为何大多数男性只有一条X染色体却仍安然无恙呢？话又说回来，既然男性正常情况下有且仅有一条X染色体，女性为何可以有两条X染色体？多的那条X染色体难道不会带来麻烦吗？

这一"X染色体之谜"的谜底由玛莉·莱昂最先提出。莱昂是一位小鼠遗传学家，于20世纪40年代获剑桥大学理学博士学位，师从英国著名统计学与遗传学家罗纳德·费希尔，专攻小鼠遗传图谱研究。[1] 在二战结束后的几年里，莱昂将研究重点转向了辐射影响下的小鼠染色体。在当时对"核武器应用可能对人类染色体产生影响"的隐忧不断加剧的大背景下，她的这项研究得到了英国医学研究理事会（the Medical Research Council, MRC）的资助。在1961年发表于《自然》杂志的一篇文章中，莱昂总结了自己此前的多个重要发现，包括带有X染色体相关突变的小鼠毛色特征[2]，以及只有一条X染色体的雌性小鼠完全无异于正常的有两条X染色体的雌性小鼠这一事实。她由此推断，在胚胎发育早期，雌性哺乳动物细胞内的两条X染色体中的一条会发生失活，即这条染色体上的大部分基因都会"关闭"，而另一条X染色体则保持激活状态。

---

[1] 我们会在第九章再次见到费希尔。在2004年的一次口述历史采访中，莱昂明确表示，费希尔虽然在遗传理论上建树颇丰，但作为实验遗传学家其实并不出众。尽管如此，担任玛莉·莱昂的博导无疑是费希尔对该领域做出的重大贡献，所以他在实验室的努力也没有白费。

[2] 就像有玳瑁猫（tortoiseshell cat）一样，也有玳瑁鼠（tortoiseshell mouse），两者都是莱昂化的产物。可惜，似乎没有"玳瑁人"。

如果一只雌性小鼠一条 X 染色体上的某个毛色基因发生了变异，也就是所谓的突变型基因，而其另一条 X 染色体上的等位基因是"正常的"[1]，即野生型基因，你看到的就会是一只野生型与突变型毛色相间的"花鼠"。这是因为当毛根处色素生成细胞的野生型基因处于激活状态时，会产生一种特定颜色的毛，而如果突变型基因处于激活状态，所产生的毛就会是另一种不同的颜色。至今，研究人员已经在至少 6 个不同品种的小鼠中观察到了这种现象。

莱昂提出的这一推论便是著名的莱昂假说（the Lyon hypothesis），她描述的这个过程被命名为莱昂化（Lyonisation）[2]，只不过现在人们更通俗地称之为 X 染色体去活化或 X 染色体失活（X-inactivation, XCI）。事实证明，莱昂当时的推测无一例外都是正确的。她也认识到自己的这套基于小鼠遗传学的假说或许有助于破解人类"X 染色体之谜"，但囿于当时人类 X 连锁遗传病还鲜为人知，她未能开展进一步的研究。如今，我们知道这样的遗传病有很多。这类疾病的特别之处在于，男性患者的病情往往十分严重，而女性患者可能根本没有症状，或者症状表现为色素性皮疹、斑块等皮肤改变。X 连锁遗传病还有一种极端情况。

X 染色体上有两个特殊区段，存在于这些区域的基因表达不受 X 染色体失活的影响，几乎都处于激活状态。相应的，在 Y 染色体的相同位置也有这样的两个同源区段。位于 X 染色体这两个区段上的基因，都可以在 Y 染色体的对应区段找到其等位基因。这就使得这两个特殊区域的基因，在遗传和表现模式上都与常染色体上的基因相同。这两个区域也因此得名拟常染色体区，或"伪常染色体区"（pseudoautosomal regions, PARs）。它们位于 X、Y 染色体的两端，对维持性染色体的结构和功能有重要意义。特别是在产生男性精子的减数分裂过程中，伪常染色体区的存在为确保 X、Y 染色体的正常分离和遗传重组发挥了关键作用。如

---

[1] 当然，你不可能拥有所谓"不正常"的毛色，只是说这一原理适用于 X 连锁遗传病。

[2] 虽说"lionised by the press"（被媒体大肆吹捧）中的"lionised"（吹捧、奉为名人）一词如今已用得不多，但多亏了玛莉·莱昂，我每每看到这个词都会感到一丝困惑，有时候还会在脑海中脑补出一个"玳瑁政客"的形象。

前所述，伪常染色体区由两个部分构成，在性染色体上占的面积并不大，其中稍大一点的部分为 PAR1，位于 X、Y 染色体短臂的末端，仅包含 16 个基因；稍小的那部分就是 PAR2[①]，位于 X、Y 染色体长臂的末端，其上的基因更少，只有 3 个。你可千万别小看这两个不起眼的区域。

设想一下，如果 PAR1 和 PAR2 只是性染色体两端无关紧要的存在，那你有多少条 X 染色体可能也无所谓了，反正 X 染色体去活化机制会把 X 染色体上 PAR1/PAR2 以外区段的基因统统"关闭"。同样的，即使你只有一条 X 染色体也不要紧。本来就没有多少基因的 Y 染色体估计就更不用提了，如果两端 PAR1/PAR2 上的基因可以忽略不计，就算你有多条 Y 染色体可能也无伤大雅。

事实并非如此。女性如果多了一条 X 染色体，就相当于有 44 条常染色体加上 3 条 X 染色体，共 47 条染色体。这类女性除了身高较高以外，几乎与健康人无异。你完全可能一生都与这三条 X 染色体为伴却全然不自知，或者说也没必要知道。另一方面，目前可以肯定的一点是，相较于只有两条 X 染色体的正常女性，体内有三条 X 染色体的女性往往更容易出现学习障碍，而且在儿童时期可能表现出行为问题，重者甚至会患上自闭症。男性多了一条 Y 染色体（即染色体核型为 47，XYY）的情况与之相似：他们大多过着完全正常的生活，根本不会察觉自己的性染色体有何异样。但如果男性多的是一条 X 染色体（47，XXY），情况又有所不同。这是一种叫克莱恩费尔特综合征（Klinefelter syndrome）的遗传病，也称先天性曲细精管发育不全症，患者无法分泌足量的睾酮[②]，更容易出现学习或语言功能障碍，且大多无法生育，其中部分症状可通过补充睾酮得到改善。如果我们继续做加法，将多余 X 染色体的数量增至 2 条（48，XXXY）或 3 条（49，XXXXY），其结果估计你也猜到了：情况只会越来越糟。

[①] 有的人据说还有一个PAR3区！不过既然我们大多数人都没有，它可能也没那么重要。
[②] 睾酮（testosterone），又称睾丸素、睾丸酮，是一种类固醇荷尔蒙，由男性睾丸或女性卵巢分泌，具有促进男性性器官成熟、维持肌肉力量、维持骨质密度及强度等作用。——译者注

自上述这些疾病首次被描述以来，几十年过去了，我们对它们的认识仍不甚充分。究其原因，主要与性染色体异常疾病本身的特点有关。这类疾病往往呈现出明显的两极分化现象，轻者几乎没有症状，重者症状多种多样，而这会直接影响医生真正接触的患者类型。试想一下，如果你是患者，但完全与常人无异，可能连你自己都察觉不到，谁又会去数你到底有几条性染色体呢？也就是说，那些真正去医院做染色体检查的人，并不能代表整个患有这类疾病的群体——他们往往更偏向于症状比较严重的那类。这就是所谓的确认偏差（ascertainment bias），也是困扰所有研究症状呈现两极分化疾病的研究人员的一大难题。

20世纪六七十年代，曾有多项关于囚犯的研究"表明"，性染色体为XYY的男性被监禁的可能性更高。此后数十年间，研究人员始终认为正是那条多余的Y染色体让这些男性变得更富攻击性，从而更容易犯罪入狱。但是，关于这一现象的讨论并没有就此停止。2006年，丹麦研究人员公布的一项研究报告又让这一问题重回公众视野。基于1978年至2006年间对丹麦患有性染色体异常（47，XXY和47，XYY）的15—70岁男性犯罪记录的追踪数据，他们得出了以下结论：同等条件下，这类男性的犯罪率较一般人群更高，但如果将贫困等社会经济因素考虑在内，这种差异就没有那么明显了。现在看来，该研究的对象都是已经确诊带有3条性染色体的男性，而他们能够接受检查想必也是有原因的，因此并不具有代表性。在考虑贫困等因素的条件下，他们仍然得出"性染色体为XXY和XYY的男性犯罪概率更高"的结论，其背后的原因，很可能也是确认偏差在作祟。

诸如此类的研究还有很多。例如，以婴儿为研究对象，通过大规模的染色体筛查筛选出性染色体异常增多的婴儿进行长期追踪调查——这实在不易，你只能把一切交给时间，让时间印证一切。除此之外，别无他法。正如你想的那样，此类研究的一个弊端在于，研究对象很早就筛查出了性染色体异常，因而他们的病情往往比那些出现明显症状后才诊断出异常的人群要轻得多。

关于多了一条性染色体可能产生的影响就说这么多，我们再说说如果少一条性染色体会怎样。李安和德里克的孩子就属于这种情况。总的来说，与染色体增多相比，染色体的缺失带来的后果更为严重，而这种少一条 X 染色体的情况也不例外。一般认为，这种只有一条 X 染色体的胎儿 99% 都会自然流产，而且往往是在母亲还没有发觉怀孕的时候。即使她们平安度过了孕早期，一个新的问题又会接踵而至：她们的颈部等身体多个部位会产生积液或水肿，而这又增加了胎儿流产的风险。那些为数不多的存活下来的女婴，一出生就患有一种叫特纳综合征（Turner syndrome）的疾病。这种病的临床表现差异很大，我们唯一能够确定的是患者通常身材矮小 ①，且大多无法生育，仅此而已。

特纳综合征到底多么变幻莫测呢？这么说吧，患这种病的女孩可能还患有先天性心脏病和肾脏畸形。她的肩膀和脖子两侧部位可能变厚，呈现蹼状，且还带有典型的面部特征。此外，当她再大一点，上学对她来说可能又是极大的挑战。她的智力一般没有问题，但在一些特定方面会屡屡碰壁，需要借助他人的帮助才能克服。不仅如此，她的性格可能也会受到影响，变得害羞、焦躁、寡言少语。制订计划和做出决策对她而言可能尤为困难。

你以为这就结束了吗？非也。上面说的是最糟糕的情况，有的孩子可能只会表现出其中的几种症状，而有的可能除了个子矮点外和正常孩子没什么两样。她也许就这样无忧无虑地长大了，直到有一天，她发现自己无法生育，一查才得知自己体内少了一条 X 染色体。

那天见到李安和德里克的时候，我向他们解释了我所知道的关于特纳综合征的一切，包括这种病会有哪些症状，各种症状发生的概率又如何，以及由于这种疾病的特殊性，我们所掌握的统计数据可能失之偏颇等。现阶段我能给他们的唯一安慰是，根据李安的超声结果，胎儿的心脏和肾脏应该都是正常的。作为医生，我所能告诉他们的只有这些，除此之外，一切都是未知的。等待他们的是什么？也许只有时间才知道答案。

面对这样的不确定性，该何去何从？对于李安和德里克而言，做出

---

① 生长激素可以改善这个问题。

这一选择相对简单。他们告诉我，假如孩子有致命的缺陷，他们会毫不犹豫地选择终止妊娠；如果孩子患的是唐氏综合征这样的遗传病，他们可能一时很难选择。但他们的孩子患的是特纳综合征，纵使考虑了最坏的可能，在他们看来这似乎仍是不幸中的万幸。诚然，为人父母，一想到自己的女儿将来要面临那么多的考验，他们心如刀绞，而女儿今后很可能无法生育的事实，对初为人母的李安而言更如晴天霹雳。不管怎样，他们还是想留下这个来之不易的孩子。

　　面临类似选择的父母我见过很多，但像李安和德里克那样当机立断的寥寥无几。听闻孩子患有特纳综合征或克莱恩费尔特综合征的消息，很多夫妇都难以接受、无所适从，一番激烈的心理斗争过后，他们大多数人的选择都是终止妊娠。哪怕孩子的性染色体是 XXX 或 XYY，很多父母还是会做出同样的选择。

　　这样的选择本身不难，难的是选择背后的不确定性。

　　人生又何尝不是由无数这样的选择串联起来的呢？终其一生，我们都在选择——关于人、关于教育、关于未来。孰对孰错，何去何从？谁也无法告诉我们答案。这样的选择到底有多难，从市面上关于应对不确定性的励志书籍受欢迎程度就可见一斑。诚然，每一对准父母都会面临这样那样的不确定性：还未见面的孩子会是什么样子？自己又能否扮演好父母的角色？他们期待着而又忐忑着。对一些准父母而言，不确定性，还意味着关乎生命的选择。在生与死之间选择已异常艰难，而在极其有限的时间内做出选择更是难上加难。孩子的检查结果一出，就等同于按下了倒计时，若父母不能尽快选择，将永远失去选择的机会。

　　临床遗传学是与不确定性的角力，而这种不确定性又多种多样。我们见过太多的"杰森"，答案就在那里，关键就看能不能鼓起勇气迈出那决定性的一步；我们也见过太多的"李安和德里克"，纵使已经勇敢地迈出了那一步，到头来却发现自己面对的仍是未知。现在，一种新的不确定性似乎又悄然降临了。很多时候，我们做了一个检测，却发现我们根本无法确定这个结果到底有没有意义。

第五章 大海捞针

众所周知，这世上有已知的已知，也就是那些我们意识到我们知道的事物；还有已知的未知，即我们知道有些东西我们还不知道；殊不知，这世上还有未知的未知——有些事，我们不知道自己不知道。

——唐纳德·拉姆斯菲尔德

　　唐纳德·拉姆斯菲尔德当年的这番言论招致了不少冷嘲热讽，但我始终觉得他说的也并非毫无道理，抛开政治立场等因素不谈，这段话的确道出了世界的真谛。世界之大，充满了未知，而驱使我们不断前进的，不是已知的世界，而是那更广阔的未知世界。世界如此，医学亦如是。在我看来，拉姆斯菲尔德最后提到的"未知的未知"还可以进一步细分为两类：我们完全闻所未闻的事物，和我们以为自己知道但其实不然的事物。医学的世界里，这样的"未知的未知"到底还有多少呢？每每想到这儿，我就彻夜难眠。

　　2011 年对我来说是特别的一年，不知不觉间，临床遗传学家这一身份已陪伴我走过了十余载。那年的某一天，我和迈克尔·巴克利（Michael Buckley）像往常一样闲聊，他是我的良师，也是益友。我怎么也没有想到，那次再平常不过的闲聊，竟会成为我职业生涯的重要转折点。迈克尔是澳大利亚最顶尖的遗传病理学家之一。他的实验室，也就是我现在工作的地方，是澳大利亚重要的罕见遗传病诊断中心。记得那天聊着聊着，我提到有时很希望自己也是一名遗传病理学家，迈克尔听罢，笑着对我说现在成为一名遗传病理学家也未尝不可。说者无心，听者有意，是啊，未尝不可！这句朋友间的玩笑话一下子将我点醒，我与遗传病理学的故事就这样开始了。但要成为一名合格的遗传病理学家绝不只是说说而已，此后数年间，我一边接受检验医学专业培训，一边兼顾本职工作，同时还参加了大大小小的考试，只为早日实现这一目标。现在，我既是一名临床遗传学家，也是一名遗传病理学家，每日往返于医院和实验室之间，一边为我的病人安排基因检测，一边还要为外院送检样本撰写检测报告[①]。

我与遗传病理学结缘实属偶然，却可谓恰逢其时。在我刚开始接受专业培训的时候，一种全新的基因检测技术就已经在酝酿之中。接下来的几年里，这一愿景终于成了现实，遗传病理学步入了全新的时代。能够成为这场变革的亲历者和见证者，我何其有幸。

你应该还记得人类全基因组测序成本的大幅下降吧？当年需要耗费数十亿美元的全基因组测序，如今只需要不到1000美元。从遥不可及到触手可及，全基因组测序究竟经历了什么？詹姆斯·沃森和克雷格·文特尔是最早的两位接受全基因组测序的人。第三位则是一位名叫丹·斯多埃塞斯库（Dan Stoicescu）的瑞士富商。医药化学博士出身的斯多埃塞斯库创办自己的生物技术公司取得了巨大成功，相比于把挣来的钱花在购买豪车或私人飞机上，他选择了测序自己的全基因组。为斯多埃塞斯库测序的是美国生物技术公司Knome，当时这项服务的报价是35万美元。这在当时看来性价比极高，毕竟就在前一年，测序沃森基因组所花费的成本几乎是它的三倍。不想到了第二年，Knome这项全基因组测序服务的价格就跌到了10万美元。这也就意味着，在那段时间购买基因检测服务要有极大的勇气或完全不在乎钱的心态才行。

相较于全基因组测序，Knome公司的外显子组测序服务可能没有那么引人注目，但论重要性，它其实更胜一筹。外显子是真核生物基因组中参与编码蛋白质的片段，基因组中全部外显子的总和即为外显子组（exome）。在人类基因组中，外显子组序列仅占1%—2%，因而与需要读取全部序列的全基因组测序相比，外显子组测序的成本要低得多。此外，鉴于目前已知的大部分致病突变都集中在外显子组中，只对外显子组进行测序也可以达到诊断疾病的目的。

2009年10月5日，一位叫丹尼尔·麦克阿瑟（Daniel MacArthur）

---

① 你为自己安排的复杂检测撰写检测报告可能失之偏颇，因为你的主观偏见可能会影响你的判断，导致你遗漏意料之外的发现，或是让你过分看重符合你预想的检测结果。

的美国科学家在《连线》（WIRED）杂志上发表了一篇关于 Knome 推出价格 24500 美元的个人外显子组测序服务的文章。仅仅 5 年后，麦克阿瑟就以其主导的人类外显子组整合数据库（the Exome Aggregation Consortium, ExAC）项目在遗传学界名声大噪。人类外显子组整合数据库收集了超过 6 万人的外显子组数据，两年后的 2016 年，人类外显子组整合数据库的升级版——基因组整合数据库 (Gnome Aggregation Database, gnomAD) 问世，它整合了超过 125000 份人类外显子组数据和 15000 份全基因组数据并面向全世界免费开放，可以说是解读基因检测结果最不可或缺的一大工具。

回望 2009 年，外显子组测序的临床应用似乎遥不可及。它高昂的价格让一般人望而却步，因而仍是富人和极少数资金雄厚的研究实验室的专利。即使随着时间的推移，人们意识到这种测序方法应用于临床诊断只是时间早晚的问题，但到底还要等多久还很难说。

今天，外显子组测序已不再是遥不可及的梦想，技术进步是最大的"幕后功臣"。这要从人类基因组计划说起，当年该计划所使用的是第一代测序技术——桑格法测序，这种方法须先将待测序的 DNA 片段进行扩增，再通过一系列测序反应得到可以读取的短小 DNA 片段，通常一次可以读取几百个碱基。如果你的测序量不是很大，桑格测序法不失为一种很有效的测序方法。一般情况下，一个基因大约包含 10—20 个外显子。如果用这种方法进行外显子组测序，你需要将这 10—20 条 DNA 片段进行扩增、测序，再将测得的序列与已知基因组序列进行比对，工作量很大，但不是不可以完成。这有点像给了你一本体量浩大的书，但只要求你校对各章节的标题。你甚至可以用这种方法对整个基因组进行测序（即校对整本书），毕竟人类基因组计划最早采用的就是这种测序方法，但这是一项耗资数十亿美元、历时数年的浩大工程，哪怕在今天也是如此。且不说用第一代测序技术测序整个人类基因组，即使测序一个人的外显子组都是令人望而生畏的挑战——你要扩增、测序并读取 30 万条 DNA 片段。

由此可以看出，如果想让这种大规模测序真正变得触手可及，须另辟蹊径。目前，至少有六种技术可以实现大规模测序，其原理都是化学反应。尽管不同技术所利用的化学反应不尽相同，但它们的核心是一样的：一次读取尽可能多的 DNA 片段。这类测序技术被称为大规模平行测序（massively parallel sequencing, MPS），又称下一代测序（next-generation sequencing , NGS）、第二代测序。开创这一代测序技术先河的是现已不复存在的 454 生命科学公司（454 Life Science，以下简称 454 公司）[1]。这个名字的由来是个谜，有传言称该公司最初所在的街道号是 454 号，还有一种说法提到 454 华氏度是金钱燃烧的温度。

言归正传，454 公司的创立者是乔纳森·罗斯伯格（Jonathan Rothberg），生物科技领域的史蒂夫·乔布斯。1993 年，还是一名学生的罗斯伯格创办了他的第一家基因组公司 CuraGen，也就是 454 公司的母公司。其后，他又创立了多家基因科技公司，其中最有影响力的两家当数 RainDance（这个名字起得好多了）和 Ion Torrent。

罗斯伯格步履不停，加速基因测序技术创新的背后，是一个父亲对孩子深沉的爱。他的大女儿患有一种罕见遗传病，二儿子诺亚在出生后不久就出现了呼吸困难的症状，他的医生却找不到原因。尽管后来孩子没有大碍，但这件事一直让罗斯伯格耿耿于怀：如果儿子的医生当时能做快速基因检测，就能在第一时间判断像他儿子这样的孩子是否患有遗传病了。从那时起，探寻快速基因检测的方法就成了罗斯伯格的心愿。他也确实实现了这一目标——我工作的实验室里就有一台 Ion Torrent 研发的 Ion Proton 测序仪，可以通过快速外显子组测序诊断婴儿是否患有遗传疾病。

在其他更先进、更快速及更便宜的测序仪问世之前，454 公司的产品一直是新一代基因测序技术的领军者。詹姆斯·沃森的基因组测序就是由该公司完成的。此外，进化遗传学家斯万特·帕博[2] 绘制出第一份尼安德特人（Neanderthal）[3] 基因组草图，用的也是 454 公司的测序仪。这

① 454 生命科学公司已于 2007 年被罗氏集团（Roche）收购。——译者注
② 斯万特·帕博（Svante Pääbo, 1955— ），又译为施温提·柏保，瑞典著名生物学家、进化遗传学家，古遗传学领域的开创者之一。——译者注
③ 尼安德特人是大约 12 万—3 万年前居住在欧亚大陆的古人类，属于晚期智人，因其化石发现于德国尼安德特河谷而得名。——译者注

份基因组草图表明，在某种程度上，尼安德特人并没有完全灭绝——由于杂交繁殖，大多数人类都或多或少带有尼安德特血统，约五分之一的尼安德特人基因组在现代人的基因组中"存活"了下来。①

要对尼安德特人的基因组进行测序并不容易，因为可供检测的DNA十分有限——经过数万年历史残存的少量珍贵DNA。此外，这些DNA样本已经支离破碎且已发生降解，极少量现代人的DNA都可能对其造成污染。要对这样的基因组进行测序，其难度可想而知。

说到这里，就不得不提到现代遗传学最伟大的无名英雄之一——没错，我所说的正是NA12878。它听上去可能不像个人名，但在检验遗传学领域却无人不知、无人不晓。它确实不是一个真正意义上的"人"，而是一个"瓶子里的基因组"。事实上，这样的"瓶子里的基因组"有很多，NA12878只是其中之一，但它无疑最有名且使用最广泛。这瓶基因组的主人是1980年生活在美国犹他州的一位女性。关于她，我们知道的并不多，只知道那时她的父母都还健在，以及她是11个孩子的母亲（6个儿子和5个女儿）。她和父母同意将他们的DNA广泛应用于科学研究，也同意研究人员采集和使用她孩子们的DNA（至于他们当时是否到了可以自己做决定的年龄，我们尚不清楚）。研究人员在实验室中培养了一些从她身上采集的细胞，以此得到了"取之不尽、用之不竭"的细胞，并从中提取了大量DNA。

研究人员对这些DNA样本进行了一遍又一遍的测序，可以说，我们所了解的关于一个人基因组的一切都源自NA12878。就这样，它成了遗传学的黄金标准。正如世界上所有的"千克"和"米"，最早都以密封存放于法国巴黎国际计量局总部的国际千克原器和国际米原器为基准那样，几乎世界上所有的基因组实验室都以这位女性的基因组作为参考标准。你可以购买成管的NA12878DNA样本（所谓"瓶子里的基因组"就是这么来的），作为标准参照物。以我们实验室为例，我们每月都

---

① 从那以后我们才知道，原来我们的基因组中还有其他古代人类的痕迹，包括丹尼索瓦人（Denisovans）。2008年，研究人员在俄罗斯丹尼索瓦洞穴中发现了他们的一根指骨和一颗牙齿，故将他们命名为丹尼索瓦人。

会对她的外显子组进行两次测序，作为评估测序质量的标准，以保证我们测序的高准确性。之所以选择以 NA12878 为样本进行测序，是因为我们对其基因组的每一个区域都了如指掌，一旦测得的结果与已知序列有任何出入，我们就知道一定是测序出了差错。如果说沃森、文特尔和斯多埃塞斯库分别是全世界第一、第二和第三位完成基因组测序的人，那 NA12878 样本的主人无疑是世界上被测序次数最多的人，在这一点上，她以极大的优势获胜。一个人，一个决定，一管血液样本，40 年过去了，NA12878，每每有人提起她的"名字"，我都会想她是否还在。如果她还健在，她又是否知道，自己 40 年前的一个无私之举，改变了多少人的命运？

过去十年间，新一代测序技术已从科幻小说中才有的高科技变成触手可及的现实，如今又步入了临床时代，其对遗传学的影响无疑是颠覆性的——能亲眼见证这一切的喜悦之情无以言表。当我还只是一名临床医生的时候，我见过太多患有智力障碍或其他复杂并发症的孩子，尽管我们怀疑这可能是由遗传导致的，但囿于当时有限的检测手段，我们很难做出准确诊断。偶尔运气好的话，我们能根据孩子表现出的症状做出诊断。但大多数情况下，他们的症状并不典型，我们只能把能做的检查都做一遍，绞尽脑汁把各种可能的病因都想一遍，如果还找不出病因，我们还会查询各大数据库，甚至求助于"畸形学俱乐部"（详见第七章）……但即便是这样，我们仍然一无所获。

为了解决这一难题，遗传学的一个全新研究分支应运而生——经验再发风险（empiric recurrence risks）。原理其实很简单，就是着重观察那些患有某种遗传病的孩子的家族，看这些家族中的其他孩子有没有相同的情况——通过统计患病和未患病孩子的数量得到一个比值。这样，如果今后再接诊患有这种遗传病的孩子，我们就能够利用该数值估计他（她）未来的弟弟或妹妹患病的可能性。以遗传性智力障碍为例，各研究得到的数值不尽相同，但多集中在 5%—10% 之间。如果下一个孩子有 10% 的概率出现智力障碍，大多数考虑要不要再生一个孩子的夫妇都会面临两难选择，毕竟 10% 的概率说高不高，说低也不低。如果是你，你会冒这个险吗？即使你选择冒这个险，你可能也要过很久才能知道这个孩子是否也有智力障碍。

如今，我们的诊断能力有了显著提高——这倒不是因为我们的业务水平有了多大的提升，而要归功于更为先进的检测手段。以染色体检查为例，我们过去用旧的方法检测遗传性智力障碍，检出率可能只有5%，现在即使是更为严重的疾病，检出率也能达到50%左右，而对于一些特定群体，这一比例甚至可能更高。此外，我们还发现很多儿童的遗传病都是基因的新生突变（de novo mutations, DNMs）导致的，即这种突变是孩子新发的，其父母并不携带该突变。这是个好消息，因为它意味着孩子将来的弟弟妹妹患上相同疾病的可能性很小。

这种可能性并非为零，这与一种叫镶嵌性嵌合（mosaicism）的现象有关。如果这个概念对你而言有些抽象，你不妨想象一下由不同颜色的瓷砖镶嵌而成的地板是什么样子。所谓的镶嵌性嵌合与之类似，如果一个人携带某种基因突变，而这种突变仅存在于他的一部分体细胞中，另一些细胞中并没有，这种现象就是镶嵌性嵌合，这样的人就被称为镶嵌体（mosaic）。正如第三章所述，从某种意义上说，我们每一个人都是镶嵌体，因为细胞分裂过程不可避免地会出错。通常情况下，除了很小一部分错误可能会引发癌症外，这些错误几乎不会对我们产生影响。然而，如果这种突变是在受精卵形成之初的几次细胞分裂中发生的，它最终可能存在于一个人体内相当一部分细胞中，有时甚至可能导致遗传病的发生。相比之下，如果一个人的每一个体细胞都带有这种突变（即非镶嵌性嵌合），其表现出的症状往往较轻，而且可能只累及身体的某一部位。以皮肤症状为例，镶嵌性嵌合导致的皮肤病临床特征非常显著，通常肉眼就可以判断。这类患者的皮损比较特别，往往有沿布拉什科线（lines of Blaschko）呈旋涡状分布的特点。所谓的布拉什科线与皮肤的形成有关，反映了胚胎发育过程中表皮细胞迁移和增殖的路径，在正常的体表

并不显现 ①。

　　上面我们说到了突变发生在体细胞中的情况，如果是生殖细胞突变，且突变发生在配子发生的较晚阶段，情况又会有所不同：这种突变最终可能只会影响一小部分细胞。如果父母一方的睾丸或卵巢中有少量携带这种突变的细胞，他（她）就会产生不止一个携带该突变的配子，尽管基因检测并没有检出这种致病基因突变，其多个子代都可能因继承该突变基因而发病。这种生殖腺（睾丸和卵巢）中仅部分细胞携带突变基因的嵌合状态，被称为生殖腺嵌合（gonadal mosaicism）。如果父母生殖腺中的大部分细胞都有两个正常的基因拷贝，那他们生出第二个患病孩子的概率很低，但如果这种突变存在于父母的每一个体细胞中，这一概率就会大大提升。

　　实际上，这种由生殖腺嵌合导致的一个家庭中不止一个孩子患遗传病的情况十分少见——我只碰到过几例——但这也意味着我们无法完全排除这种可能性，即使我们没有在父母身上检测到导致第一个孩子患病的基因突变，我们也不能保证他们的下一个孩子就一定健康。

　　读到这里，你可能会有这样的疑问：既然有这么多已知的遗传病，为什么我们以前诊断不出来呢？原因其实是多方面的。首先，有一些遗传病确实是近几年才发现的，借助外显子组测序技术，我们得以发现很多过去没有发现的遗传病，而且发现的步伐日益加快。举个例子，如果我们做了外显子组测序却仍没有找到答案，最好的办法之一就是先把它"搁置一旁"，等过个一年半载再回过头来重新对原始数据进行分析。这时，我们经常会欣喜地发现那些曾经令我们一头雾水的数据都变得清晰明朗起来，做出诊断自然也就不在话下了。

　　还有一个原因是，很多我们过去认为十分罕见的遗传病，其实远比

———————————

① 你也可以把每一个拥有两条 X 染色体的人（包括大多数女性）都看作镶嵌体，因为两条 X 染色体中任意一条上的某个基因变异都只会在那条特定 X 染色体处于激活状态的细胞中表现出来。因此，患有一些 X 连锁遗传性皮肤病的女性，其皮损就会呈现沿布拉什科线分布的特点。这样的皮肤病包括戈尔茨综合征（Goltz syndrome）及名字极富画面感的色素失禁症（incontinentia pigmenti）。

我们想象的常见，但也更复杂多变，加大了诊断的难度。当然，也不乏确实极其罕见的遗传病，不仅任何医生都不可能对所有这些遗传病了然于胸，我们日常使用的诊断数据库也并不完善。

现在，我们主要利用新一代测序技术进行外显子测序，或者同时对多个特定基因进行检测——后者叫作基因检测组合（gene panel）。利用这种基因组合进行检测的原理很简单：如果你知道与某种遗传病相关的基因只有 10 个，似乎就没有必要测序 2 万多个基因。我们有时就会采用这种检测方法：我们对每一个基因进行了测序，但只分析我们感兴趣的那部分基因，其他都忽略不计（我会在第十章分享我们做这一检测的经历）。不过相信过不了几年，等测序成本再降一点，我们就会彻底抛弃外显子组测序，甚至抛弃基于基因组合的测序，直接做全基因组测序。毕竟目前来看，与外显子组测序相比，全基因组测序更有助于我们诊断疾病，且未来随着技术进步，还可能发挥更大的作用。那时，很多我们现在所做的染色体检查可能也失去了存在的意义，因为基因组里有我们所需的一切信息，且更为详细。

那岂不是万事俱备，只欠东风了吗？未来，借助全基因组测序，一切问题都将迎刃而解。但是——你也猜到会有一个"但是"了吧？事情并没有这么简单，我们还面临诸多挑战，其中最大的挑战就是应对未知。

何以见得？这还要从 2008 年发表在《自然》杂志上的"DNA 之父"詹姆斯·沃森的全基因组图谱说起。当时，研究沃森基因组的研究人员发现了所谓的"异常"，并尝试解释这一发现。现在再回过头看，我可以很负责任地说他们的解读完全错误。

事情的来龙去脉是这样的：当时，研究人员发现沃森携带了 10 种已知的常染色体隐性遗传病的致病变异。这类遗传病的致病基因是位于常染色体（即第 1—22 号染色体）上的一对等位基因，且基因性状为隐性，只有在纯合状态（两个基因同时发生变异）时才会发病。像沃森那样只有其中一个基因发生变异的个体不会发病，只是该致病基因的携带者。此外，除了这 10 种当时已知的常染色体隐性遗传病的致病变异，沃森很可能还携带了其他不为我们所知的变异。长期以来，基于对一代堂表亲及其他近亲婚配生子可能产生后果的研究，科学家们推测，我们每个人其实都携带了一两种隐性遗传病的致病基因。有趣的是，对鱼类的研究也得出了非常相似的结论①。所以问题就在于，为何沃森会携带多达10种的隐性致病基因呢？说那篇论文的作者尝试"解释"这一发现或许有些夸张了，因为他们的原话其实是："他（沃森）可能只是碰巧携带了这么多……或许其他人也是如此。"

在接下来的几年里，这一问题的答案才慢慢浮出水面。原来，沃森携带的那10种基因变异虽然在当时被科学界视作致病突变，但随着研究的不断深入，研究人员发现它们中的大多数其实与遗传病并无关联。以今天的标准来看，那10种所谓的致病变异中只有1种真正致病②，其余9种其实都是"无辜躺枪"的无害变异。

这到底是怎么回事呢？人类基因组高度变异的特性是问题的根源。如果把你的基因组与我的进行比较，你会发现两者的不同之处多达300万个，同样的，我们每一个人的基因组与"参考"基因组相比，也有数百万个不同之处。从这种意义上说，世上根本不存在"标准"人类基因组——如果说当今世界有77亿人口，那么可能就有76.5亿不同的人类基因组（要考虑同卵双胞胎基因组相同的情况）。所谓的"参考"基因组固然可以作为参考依据，但并非唯一标准。换言之，与它有出入未必就异常——事实上，我们基因组中的变异几乎都无害，只有很少一部分可能会导致遗传病。很多变异都位于基因与基因之间，有的变异虽然发生在基因内部，但因为不在基因的编码区，所以也不会影响蛋白质的合成。当我们对一个人的外显子组进行测序时，往往会发现40000个位于基因编码区的变异。其中一些变异十分常见，也有一些很罕见，甚至还有一些独一无二。即使在今天，如果我们对你的外显子组进行测序，我们也会发现大量从未见过的变异，这点几乎可以肯定，除非你的家族成员（尤

---

① 为了开展这一研究，研究人员将从野外捕获的鱼放在一起，让它们进行近亲交配繁殖。这样的研究在人类遗传学领域是不被允许的。

② 所谓"致病"是只有在该基因的另一个拷贝也携带这种变异的情况下才会致病。如果一个人只有一个基因拷贝携带这种变异，另一个拷贝完全正常，那么他就不会发病。

其是你的父母）此前做过外显子组测序。

假如你要为一个可能患有某种单基因遗传病（即由一个基因突变导致的遗传病）的人做外显子组测序，你首先要做的，就是在那40000个可引起蛋白质功能改变的基因突变中，筛选出那一两个你认为可能的致病突变作为重点分析的对象。说这是大海捞针一点也不为过。

当年454公司为詹姆斯·沃森做全基因组测序的时候，很多人连外显子组测序都还没做过，更不可能有可供参考的大型外显子组和基因组数据库。研究人员在沃森基因组中找到的那10种隐性突变，此前都在患有遗传病的人身上发现过，并且在过去十多年发表的论文中都有报告。恕我直言，由于种种原因，这些报告无一例外都是错误的。例如，研究人员发现沃森的RPGRIP1基因上有一处突变，而该基因与一种严重的遗传性眼病密切相关。他的RPGRIP1基因的一个拷贝发生了突变，导致氨基酸序列第547位的丙氨酸（alanine）变为丝氨酸（serine），另一个拷贝则完全正常。

其实早在2003年，一组来自巴基斯坦的研究人员就曾报告过这种基因突变。当时，这些研究人员注意到当地一个家族中有8个来自同一大家庭的成员都患有一种退行性眼病，基因检测结果显示，他们RPGRIP1基因的两个拷贝都发生了突变。此外，该研究团队还在该家族另外两个小一点的家庭中发现了同样的情况。那时，要证实某种新发现的变异确实与疾病相关，而不是正常的变异，最标准的方法就是随机选取100个来自相同族群的健康人进行基因检测（相当于"族群对照组"），看他们是否也携带这种变异。这种检验方法的原理很简单，以该研究涉及的RPGRIP1基因为例，对100位受试者的这一基因进行测序，就能得到200份该基因的拷贝，如果发现这些健康的受试者普遍携带这种变异，就有理由认为这种变异与疾病并无关联。当时，这些研究人员为节约成本，没有直接读取RPGRIP1基因的序列，而是使用了一种廉价的筛查检测——现在看来，该筛查检测肯定无效，因为研究人员没有在对照组的任何一个受试者中检测到这种变异。

除了选用了错误的检测方法，该巴基斯坦研究小组得出这一结论也无可厚非。毕竟丙氨酸和丝氨酸虽说谈不上天差地别，但两者的化学性质还是有所不同。何况能在 12 个（来自三个不同家庭的）患有相同疾病的人中找到同样的基因突变，通常可以充分表明这种突变与疾病间存在关联。

到 2005 年，一个荷兰的研究小组发布了关于该突变的最新研究报告，表明该突变属于一种十分常见的变异，因而不可能与罕见遗传性眼病有关，但显然测序沃森基因组的团队当时并没有注意到这一信息。多亏了丹尼尔·麦克阿瑟和他的团队，如今我们知道这种变异其实在世界大部分地区都很常见：基因组整合数据库中近一半的欧洲族裔携带一个或两个这种变异基因的拷贝，（在该数据库包含的 140 000 份各种族裔的基因组样本中）RPGRIP1 基因的两个拷贝都存在这种突变的有近 7 000 份。如此常见的变异显然不可能引发某种罕见遗传病，如果你测序的对象是像沃森那样的欧洲族裔，发现这种变异就更不足为奇了。

然而在过去的十年间，诸如此类的错误似乎成了遗传学领域不得不面对的严峻现实。诚然，巴基斯坦研究小组选用的检测方法考量不足（南亚人携带这种变异的概率几乎和欧洲人一样高，所以如果该研究小组当时选对了检测方法，肯定会在那 100 位对照组受试者中检测到这种变异），但综观这段时期遗传学领域公开发表的文献便不难发现，这其实是个普遍存在的问题。对遗传学研究而言，族群数据固然重要，但它并不代表一切——无害而常见的变异常有，无害却罕见的变异也不少。

说到这种误将无害的遗传变异归为致病突变的现象，心脏病遗传学领域可谓"重灾区"。2012 年和 2013 年，由丹麦 Rigshospitalet 医院的莫滕·奥勒森（Morten Olesen）教授领导的研究小组梳理了遗传性心肌病及遗传性心律失常相关的医学文献，并将这些文献中涉及的致病变异与外显子组变异数据库（the Exome Variant Server, EVS）中的相关数据进行比对。致病变异与外显子组变异数据库是世界首个公共外显子组数据库，尽管它只包含 6 500 个外显子组样本，但在 2011 年首次发布的时候无疑是个信息宝库。一番比对研究之后，奥勒森团队发现这些心脏病遗传学文献错漏百出，里面很多所谓的"致病突变"都是人群中再常见不过的变异。他们计算了一下，如果所有的这些"致病突变"都属实，就意味着有 1/4 的人会患上肥厚型心肌病，1/6 的人会患上扩张型心肌病，1/30 的人会患上长 QT 综合征。事实真的如此吗？答案显而易见：很多所谓的有害变异，其实都无关痛痒。

这可能还不是最糟的，因为不仅很多变异都被错误地贴上了"致病"的标签，大量的基因也未能幸免。如果只有偶尔的一两份研究报告将某个基因与某种不相干的疾病联系在一起可能还好，但问题在于它们无处不在。在缺乏科学依据的情况下，这些基因就被冠以"某某疾病致病基因"频频出现在文献中，甚至应用于各类疾病的基因检测中。就这一问题而言，心脏病遗传学也深受其害，CACNB2 和 KCNQ1 基因就是两个很好的例子。肥厚型心肌病的基因检测包中通常都会包含这两个基因，殊不知，它们与这种疾病的联系其实微乎其微。这也就意味着，那些想要通过这一检测寻找病因的人，最终得到的答案很可能是：他们携带的 CACNB2 或 KCNQ1 突变就是导致他们心脏病的根源。噩梦也许才刚刚开始，这个家族很多人的命运也可能因为这一基因检测而改变，对于那些目前没有任何心脏不适的人而言尤其如此。他们中的一些人其实也有患这种遗传性心脏病的风险，却可能因为没有查出这两种"致病基因"而放松警惕；另一些人明明没有患病风险，却可能因查出"致病基因"而担惊受怕。

其实一直以来，犯错都是遗传学领域的常态，因为关于基因，关于遗传病，我们还有太多的未知。受此影响，世界范围内人们对基因检测的态度也发生了转变，开始变得慎之又慎。虽说分析基因检测数据时谨慎点总没错，但有时过于谨慎也未必是件好事。解读基因检测数据可能犯的错误无非两大类：误把无害变异当成有害变异，误把有害变异当成无害变异。不同错误产生的后果自然也不同。先说第一种情况，如果我们因误诊告诉一对父母他们还未出世的孩子患有某种遗传病，就可能造成严重后果。胎儿可能会接受不必要的治疗，我们对其父母下一个孩子患病概率的判断可能也是错的。这样一来，这对父母做下一胎产前基因诊断的时候，就可能因查出了相同的变异而不得不放弃腹中健康的孩子，或者可能因为该变异的检测结果呈阴性，而未能及时发现胎儿真正存在的问题。而如果我们没能在第一时间辨别出致病的变异，就属于第二种情况。这会让那些真正有需要的胎儿错失接受干预治疗的机会。此外，对于那些被医生告知"再生出一个患严重遗传病的孩子的概率很低"的父母而言，这意味着这颗"定心丸"失效了，他们的下一个孩子可能还会患病。所以，不论是第一种还是第二种错误，其后果都不堪设想。如果读到这里的你也不由得开始担心起来，对要不要再生一个孩子多了几分顾虑，就代表你正在丧失所谓的"生育信心"，而这又意味着你可能失去再拥有一个健康孩子的机会。

因此，对于我们遗传学家而言，把握好"度"至关重要：判断一种变异是否与疾病相关时，既不能操之过急，也不能畏首畏尾。从这种意义上说，遗传学就是恰到好处的科学。

要准确把握好这个"度"并不容易，有时甚至可以说十分困难。假如有足够的族群数据可以证明某一变异确实十分常见，做出判断也许不难。同样的，如果某种变异频频发生在患有疾病的人身上，却从未发生在一般人群之中，那么答案也显而易见。

最难把握的恰恰是介于这两种情况之间的变异。

你也许会想，何不把这一难题交由计算机来解决呢？你不是第一个这么想的人。思索片刻，脑中突然灵光一现："有了！编写一个能辨别变异好坏的计算机程序不就解决了吗？"一直以来，有这种想法的人比比皆是。目前已有多种可用于基因变异有害性预测的计算机程序，其中大多数都是针对错义突变（missense mutation）研发的。所谓错义突变，指编码某种氨基酸的密码子发生碱基替换，导致其编码的氨基酸种类发生改变。这种氨基酸的替换可能会影响蛋白质的功能，但有时又不会产生任何影响或者影响甚微，因而很难判断它们是致病性突变还是无害突变。（相比之下，密码子发生碱基替换变成终止密码子的突变，辨别起来一般要容易得多。①）为了开发出能准确预测错义突变的程序，设计者们可谓各显神通，采用的算法有的是利用化学变化，有的则是基于氨基酸序列的进化保守性②进行评估。到目前为止，我们已掌握了很多生物的基因组数据。因此，以丙氨酸变为丝氨酸的错义突变为例，如果你对这种错义突变感兴趣，想检验一下亲手设计的程序，不妨用你那灿然一新的程序看一看与人类的相似度由高到低的生物相关蛋白质的同一位置对应的是什么，或者看看（人和其他动物）功能类似的蛋白质的同一区域。

如果你用这种方法分析沃森携带的 RPGRIP1 变异，那么得到的仍会是一个模棱两可的答案：类人猿和猴子在该位点对应的氨基酸都是丙氨酸，此外，大部分啮齿动物，以及骆驼、奶牛、虎鲸、大象、蝙蝠、土豚和狍狫等都是如此。松鼠、金毛鼹鼠、虎皮鹦鹉和鸭子在该位点对应的氨基酸却有所不同，甚至星鼻鼹在该位点的氨基酸竟然是沃森"同款"的丝氨酸！这可以算是除了同为温血、体表有毛的四肢动物，它与沃森的又一共同点了。当然，能获得诺贝尔奖的星鼻鼹可不多。言归正传，总的来说，沃森 RPGRIP1 蛋白序列上的这一突变氨基酸在物种进化上并不具有明显的保守性，因而不足以证明这种错义突变会破坏 RPGRIP1 蛋白的功能（虽然没有相关族群数据做支撑，但也不影响）。

有的时候，这种利用氨基酸进化保守性进行判断的方法非常好用。例如，我们曾在一位患有严重癫痫的儿童体内发现了一种蛋白质变异，令人惊异的是，该蛋白序列上的突变氨基酸（本应为脯氨酸）在所有我们测序过的生物中都一样，从哺乳动物一直向前追溯至牡蛎和变形虫都是如此。由此看来，这一切都是自然使然。从变形虫为代表的原生动物

① 这种编码某种氨基酸的密码子变成了不编码任何氨基酸的终止密码子的突变称为无义突变（nonsense mutation），其结果是肽链合成提前终止，产生过短、通常没有功能的蛋白质，进而可能导致肿瘤及多种遗传病。因此，无义突变大多为致病性突变。——译者注

② 在探究某种蛋白质的功能时，通常会分析构成这种蛋白质的各个氨基酸在不同物种间是否保持一致，这就是所谓的"进化保守性"。一般而言，一种氨基酸的进化保守性越高，说明其对蛋白质的功能越重要，这些氨基酸的突变具有致病性的可能性也更高。——译者注

开始，历经腔肠动物、扁形动物……最终到我们人类的出现，是一段跨越了数亿年的进化之旅。既然在如此漫长的时光里，大自然都认为这种蛋白质的这一特定位点上的氨基酸只能是脯氨酸，这个位置可能就非脯氨酸莫属。

　　一不小心又扯远了，还是回到设计你的计算机程序上来。其实，你不必非要在利用化学原理和利用进化保守性之间选一个，完全可以将两者结合起来。或者你也可以换个思路，从他人设计的程序上汲取灵感，打造一款集众家之长于一身的程序①。第一步大功告成，接下来就是用大量已知的有害或无害变异来校准你的新程序，校准完成后再用另一批已知变异进行验证。剩下的就是给你的程序起个响亮的名字，并以论文的形式把它介绍给大家……

　　付出了这么多努力之后，你设计出了一款比现有程序稍微好那么一点的程序。当然了，你肯定不会这么写，但这似乎是你能期望的最好情况了。而且"稍微好那么一点"其实真的不算什么。就拿市面上那20多款预测变异有害性的程序来说，随便哪一款都能在一个人身上找出数百甚至数千种可能有害的变异，其准确性可想而知。相比之下，这些程序在识别无害变异上的表现尚可，但别忘了一点，人类基因组中大部分的变异都无害，反倒是那一小部分有害变异难以辨别，所以这也算不上什么了不起的成就。

　　到目前为止，还没有一款程序能准确预测突变的有害性，其背后的原因归根结底还是这一任务本身的复杂性。说得形象点，你需要做的就是把变异分成两大类，装进两个不同容器中：一个巨大的集装箱里装满了无害或轻度有害的变异，还有一个精致的黄金蛋杯用来装那一两个有害的变异。假如你有39999个苹果和1个橙子，要从这40000个水果中挑出那唯一的橙子并不难。但要从40000个变异中找出有害变异就完全是另一个概念了，这40000个变异毫无规律可循，你根本想象不到一个

① 或者，为什么不呢？你也可以将这种氨基酸的改变与假设的人类和大猩猩的共同祖先进行比较。这可不是我编的，目前市面上最为成功的变异有害性预测程序之一——CADD就是以此为基础设计的。

氨基酸的改变究竟可能引发什么样的问题。

　　有时两种氨基酸的化学性质差异很大，导致蛋白质无法正常折叠。有时合成的蛋白质并不稳定，很快就丧失了功能。有时虽然蛋白质合成了，但很多的修饰，如附加上糖类的糖基化修饰，都无法正常进行。又或者蛋白质本身完美，却不能前往需要它的地方。还有一种情况，氨基酸的改变根本不是问题所在：DNA 序列的改变扰乱了基因剪接过程，产生了一个完全不同的组织。我可以一直列举下去，但道理你肯定已经明白了。我们设计出的这些计算机程序很努力地想要把水果分门别类，但问题在于，摆在它们面前的不仅仅是水果，还混杂着圆形的石块、网球、海胆……难怪它们分不好。

　　所以，我们现在有族群数据——很实用，但并不全面①；有预测软件——比没有强一点；还有医学文献可以参考——里面漏洞百出。怎么看起来好像都不堪重用？

　　好在天无绝人之路，一些从其他渠道获取的信息有时也可以派上用场。其中最有参考价值的要数从一线医生口中得到的信息。或者，如果你想通过基因检测找出某个人患严重癫痫的原因，你在他的某个基因中发现了一个变异，但这个基因只与一种皮肤病有关，那这一变异很可能就不是你要找的答案。除此之外，某种变异在一个特定家族中的传递情况如何、是否会影响蛋白质关键功能的发挥，也是可供参考的信息。

　　把所有这些可用的信息拼凑在一起，你就应该能够得出一个比较合理的答案②。对基因变异进行分类可以说是我日常工作中最具挑战性又最有趣的部分，尽管碰到那种生死在此一举的选择时要背负极大的压力。和世界上大多数实验室一样，我们也会将评估的变异分为五大

————————

① 它的一大缺陷在于很多族群的数据并没有被纳入族群数据库中，因而我们对他们的正常变异知之甚少。例如，阿拉伯人、太平洋岛民以及澳大利亚原住民等。

② 现在，我们有各种各样的评估体系可供参考。其中最受欢迎、使用最广的当数由美国医学遗传学与基因组学学会（American College of Medical Genetics and Genomics, ACMG）于 2015 年发布的新版指南，它虽称不上完美，却无比实用。一提起这份指南，整个遗传学领域无人不知、无人不晓，即便那些没有亲自用过的人，也一定听过它的大名。

类: 第一类是无害变异（Benign），这类变异通常十分常见（如沃森携带的 RPGRIP1 变异），我们可以肯定它们无害。第二类是可能无害的变异（Likely Benign），虽然有大量证据表明这些变异无害，但又不能完全排除它们有害的可能，所以归为第二类。第五类是致病变异（Pathogenic），即那些我们几乎可以确定会导致疾病的变异。第四类是可能致病的变异（Likely Pathogenic），有足够的证据表明这类变异可以致病，但又不足以将它们归为第五类。对"可能无害"和"可能致病"这两类变异而言，它们与我们的判断相反的概率很高（理论上高达 10%）。

　　位于中间的就是第三类，意义不明的变异（Variants of Uncertain Significance, VUS），顾名思义，就是那些我们无法确定好坏的变异。这类变异一直以来都被形象地称为"遗传学的两难境地"。如果没有足够的证据表明某种变异"可能致病"或"可能无害"，或者证据之间相互矛盾，那这种变异就属于意义不明的变异。最重要（往往也最难判断）的，是那些在"意义不明"和"可能致病"之间徘徊不定的变异。不管是把前者错判为后者，还是反过来，其结果都不堪设想。夜深人静的时候，我时常会陷入自我怀疑："我有没有误把哪个意义不明的变异判断成了可能致病的变异，误导了病人和她的医生？""我是不是把哪个可能致病的变异当成了意义不明的变异，让原本还有其他选择的病人和医生变得束手无策？"又是一个不眠夜。

　　如果这还不够难的话，就想想我们每个人不止有一个基因组，而是有两个不同的基因组。

第六章 予我力量！

飞船就这样悬在空中，砖块可没这个本事。

——道格拉斯·亚当斯①

---

① 道格拉斯·亚当斯（Douglas Adams, 1952—2001），英国著名广播剧作家、科幻小说家，也是幽默讽刺文学的代表人物之一。这句名言出自其所著的科幻小说《银河系漫游指南》（*The Hitchhiker's Guide to the Galaxy*）。——译者注

　　假如你是那种生活在对外星人入侵恐惧中的人，那你可太落后了。"外星人"早就来了，你害怕的"入侵"其实很久以前就发生了。它们不仅在我们身边，还在我们体内。

　　地球上生命的故事——你的故事，也是我的故事——非常非常古老。我们并不知道生命出现的确切时间，但有一种说法是，地球上最早的生命可追溯至38亿年前。想象一下，有一位终极系谱学家主动提出要为你追溯家谱。在此之前，或许你已经对你的家族有所了解：你的父母、祖父母自不必说，你的曾祖父母对你而言可能也不是完全陌生，也许你与他们素未谋面，但你肯定能在家里某个角落存放着的一张泛黄的老照片里找到他们的身影——衣着古朴，神情略显严肃。如果你是个热衷于家谱研究的人，或许可以继续追溯下去，一直到几百年前，甚至更早以前。但你不可能这样无穷无尽地追溯下去，这根时间的链条总会中断。第一个在人类历史上留下名字的人是5000年前生活在美索不达米亚的库希姆（Kushim）。即使按每20年为一代来算，也只是250代的祖先，况且你根本无法追溯到库希姆，因为我们对他的家族一无所知。

　　我们这位终极系谱学家就不一样了，他会带你追溯到更久远的年代。人类有文字记载的历史不过5000年，但现代人类的始祖——智人其实在约25万年前就已经出现了。他们之前的人类是原始人类，他们的祖先又可以追溯到灵长类以及更早的早期哺乳动物。想象一下有一面长长的墙，你可以把你所有祖先（也许是所有女性祖先）的照片按其生活年代由近及远的顺序在这面墙上排列开来。你从起点开始，沿着这面照片墙走走看看，首先映入眼帘的是你母亲的照片，紧接着是她的母亲、她母亲的母亲……你就这样走了很久很久，一路看到的都是人类或与人类十分相近的面孔。如果平均每一米有三张照片，你可能走了两公里，看到除了人类还是人类。但当你接着往前走的时候，会发现墙上的面孔慢慢发生了变化。那些人——她们仍然属于人类，只不过已不是真正意义上的智人——看起来要矮一些，毛发也更浓密。就这样又走了数公里之后，你就会看到你最早用双足直立行走的祖先。你又走过了几百万年，最早的哺乳动物出现了，时间大约是在 2 亿年前。你继续向前，几千公里后，墙上的照片又变了，变成了在温暖的海岸边爬行的生物——长得更接近它们的鱼类祖先。你仍然可以沿着这条路追溯下去，从一个母亲到另一个母亲，以此类推。第一条离开海洋登上陆地的鱼与第一条"名副其实"的鱼之间又隔了差不多 1 亿年。你又走了很久，不知不觉，时间已经拨回到了距今 9 亿年前，你看到了最早、最原始的多细胞生物。

再往前推 10 亿年，"外星人"入侵了。

从现在起的很长一段时间里，边走边欣赏照片的你可能会觉得有些乏味。墙上是一张又一张单细胞生物的照片，它们看上去都差不多，在长达数百万年的时间里，好像也只有细微的变化。不过慢慢地，你就会注意到它们身上的一些奇特之处。这些所谓的单细胞生物其实并不简单，它们小小的身躯里其实暗藏乾坤，寄居着其他"物种"。事实上，它们一直在那儿，只不过看起来就像单细胞生物的一部分，毫不起眼。但现在我们可以确定，它们并不同于单细胞生物的其他组成部分。如果这是一段视频，而非静止不动的图片，你就能看到它们在单细胞生物中自由移动的身影，而且很明显，它们在这里无拘无束，也过着自己的生活。也许在你看来，它们更像寄居在这些单细胞生物体内的寄生虫，而非它们的一部分。事实上，它们离寄生虫还相去甚远。

现在，真正奇怪的事情发生了——你的家谱出现了"分化"。你这一路都以女性祖先为线索追溯过来，一位母亲接着一位母亲，就这样一直追溯到了性别的起源。现在开始，你面前照片墙上的照片由一排变成了两排。

千万别小看这一变化，因为你刚刚见证了生物进化史上最重要的事件之一。历史的时针已拨回距今约 20 亿年前，两种原始生物在这时结合在了一起，形成了一个你中有我、我中有你的新有机体，而差不多也是在这个时候，细胞核形成了。构成这一新有机体的两种原始生物中，体积较大的是一种最早的真核生物，除古细菌及细菌以外的生物几乎都属于这一类，另一种的体积虽然要小得多，结构也更为简单，却有着深藏不露的看家本领。此后的 10 亿年看似风平浪静，殊不知，一场进化灾难正在酝酿。

先从那个小的生物说起，别看它个头小，它可是个从食物中汲取能量的好手。它的新宿主也可以做到这一点，但速度要慢得多，效率也不高。所以它们的结合可谓是双赢。小一点的生物找到了一个"庇护所"，从此无须担心会被其他生物吃掉。此外，更为稳定的食物来源或许也是一大好处。对于更大的真核生物而言，"搭档"的加入为它注入了一股强劲的能量，为它之后 20 亿年的进化保驾护航。

在那之后不久，在我们的另一组细胞中，同样的事情发生了。这一次，新"搬"进来的细胞掌握了一个新本领：它可以吸收水和二氧化碳，并且可以利用太阳能制造食物。最早的植物就这样诞生了。

现在，我们把那个小小的入侵细菌的残余物称为线粒体（让植物成为植物的那第二批入侵者被称为叶绿体）。自最初在我们的细胞中安营扎寨以来，线粒体已发生了很大的变化，但从某种意义上说，它们仍是独立的生物，它们有自己的 DNA，有自己的增殖周期，新陈代谢也与细胞略有不同。我们完全离不开我们的线粒体——有了它们，我们才得以生生不息。一旦它们出了问题，我们也在劫难逃。

其实从本质上说，这种线粒体入侵的设定非常奇怪。好比你有一天去游泳，碰上了一条个头不大却来势汹汹的鳗鱼，它紧咬着你的肚子不放，想方设法地想要钻进你体内……它成功了。但这之后发生的一切变得匪夷所思，它不仅没有把你杀死，反而还成了你最重要的器官之一。那条鳗鱼在这个虚拟的世界里可谓如鱼得水，好不快活。对了，我刚才说没说过它那时已经怀孕了，如今拥有了一个可以安心养育孩子的绝佳住所？但别担心，一切都很好，因为你似乎对此也很满意。

关于这一过程，我不知道你怎么想，反正我永远也无法完全接受。

不过话说回来，我们不应想当然地认为这一切都是一次性完成的，对生命如此重要的线粒体，岂能仅凭一次"入侵"就与我们的细胞完美契合？这看似完美的结局背后是长达数亿年的摸索与试错。无数团小生命体将更多更小的生命体吞噬，循环往复，周而复始。那段时间里，肯定有无数这样的时刻：历代细胞经过反复尝试，终于摸索出了一种趋于稳定的机制，互利共生的合作关系眼看就要形成了，却因为"宿主"失去了耐心，直接将小的"入侵者"吞噬，或是"入侵者"生长过快，将宿主"掏空"而功亏一篑。最终它们还是建立了你中有我的共生关系，并取得巨大的成功。环顾四周，除了岩石、沙子和水，你所看到的一切都要得益于这种互利共生的关系。每一丛灌木、每一棵树、每一块珊瑚礁、每一幢房屋、每一艘船……倘若没有你的远古祖先们的相互结合、相互作用，就没有这所有的一切。无数小小的生命体串联起来，汇聚成了生物进化的动力。

经过数百万年时间，线粒体终于在我们的细胞中安家落户，并真正把自己当成了这个家庭的一分子。渐渐地，它们把一些重要任务都交给了细胞核，曾经无拘无束、逍遥自在的线粒体早已一去不复返了。但它们保留了一个曾经独立存在的印记——它们自己的小基因组。人类的线粒体基因组（mtDNA）很小：由 16569 个碱基对组成，仅包含 37 个基因。这与现代细菌的基因组形成了鲜明对比：独立生活的细菌需要至少 1500 个基因才能存活，碱基对数目约为 150 万，有些细菌的基因组甚至能达到这个数字的 5 倍。还有一些细菌，它们的基因组要小一些，但它们必须依赖其他生物才能生存。以只有约 470 个基因的生殖支原体（Mycoplasma genitalium, MG）[①]为例，它无法将食物分解成所需的有机物，因而只能寄生在其他生物的细胞中。这样的寄生生物还有很多，它们大概是进化的"漏网之鱼"，这种"一种生物生活在另一种生物体内"

---

① 顾名思义，这是一种喜欢寄居在人类生殖器中的细菌。你肯定不想让它寄居在你的身体里。

的安排，对其中一方（寄生生物）来说，比另一方（宿主）更有利。

再回到人类的线粒体基因组，它已风光不再，形同虚设。在其所包含的 37 个基因中，只有 13 个编码蛋白质——其余的则负责调控这些蛋白质的合成。这 13 个编码蛋白质的基因最终可能会全部转移至细胞核基因组中，到那时，线粒体基因组将失去它的功能 ①。但与此同时，线粒体依然会保持自己"独来独往"的个性。人类的每个体细胞中通常有数百个甚至上千个线粒体，而每个线粒体中又包含了多份线粒体基因组拷贝 ②。线粒体基因组是一个环状的双链 DNA 分子——与细菌的基因组十分相像，却与细胞核中的染色体大相径庭。线粒体半独立于细胞的其他部分，过着属于自己的小生活——它们像细菌那样以一分为二的方式进行分裂增殖，按自己的节奏生长、衰老、死亡。细胞分裂时，新的子细胞共享母细胞的线粒体。所以为确保分配给子细胞的线粒体拥有自己的基因组拷贝，线粒体基因组也需要被复制，而且这一过程通过一套专门的细胞机制进行。就像其他任何 DNA 的复制都不可避免会出错，线粒体 DNA 在复制过程中也可能出错——也就是所谓的线粒体 DNA 突变。但这种突变比较特别，具体有何特别之处，我们稍后揭晓。

前面已经提到了，我们离不开我们的线粒体：它们在我们体内扮演着诸多关键角色，但最重要的是，它们就像发电机，源源不断地为我们的细胞输送生命活动所需的能量。说到能量，我们体内的能量来源于食物，其中的三大供能物质糖类、脂肪以及蛋白质（在不得已的情况下供能）均为大分子，不能直接被机体吸收利用，需要在包括肝脏的消化系统中进一步分解为结构简单、可被吸收的小分子物质（如葡萄糖）。这些营养物质被细胞吸收后就会输送至线粒体这一"能量转化器"中，其中

① Y 染色体和线粒体基因组的退化都被归结于穆勒棘轮效应（Muller's ratchet），是指在不涉及基因重组的无性生殖中，生物体有害突变可能会不断累积的现象。在卵细胞和精子的形成过程中，第 1—22 号染色体以及卵细胞中的两条 X 染色体会经历一个被称为重组（recombination）的过程，其间同源染色体会进行交叉互换。相比之下，Y 染色体的大部分区域不会发生重组，线粒体 DNA 则根本不能重组，因而随着时间推移，它们更容易积累有害突变而不断衰退。

② 但有一个特例：在卵子中，大约每 20 万个线粒体中只包含 1 个线粒体基因组拷贝。

稳定的化学能被转化为细胞可以直接利用的活跃化学能。这也就意味着，如果线粒体出了问题，那些耗能多的细胞——脑细胞、肌细胞、心肌细胞等——将先受其害。相比之下，那些不需要大量能量的细胞——如皮肤细胞和脂肪细胞——则不会受到太大影响。

费利西蒂的线粒体出了问题，这种问题自她出生起就一直伴随着她，但她对此全然不知。直到最近，快 40 岁的费利西蒂才开始表现出症状。这种病起病隐匿，且进展十分缓慢，费利西蒂甚至都没有察觉到异样。直到有一天，她的丈夫发现她的眼睑开始下垂，她这才去看了眼科医生，医生检查后意识到问题没那么简单。除了眼睑下垂，随着眼肌无力的加剧，费利西蒂的眼球也开始无法活动自如。如果病情持续恶化，最终她的眼球将彻底无法活动，必须转过头才能看到左右两旁的东西。但除了眼疾，她完全正常。

艾哈迈德从小就有些笨手笨脚，和小伙伴在操场上玩耍的时候，总是那个落在后面的孩子。从十岁左右开始，他的双脚越来越站不稳了，开始用脚尖走路，这让他的母亲开始担心起来。他在学校的表现也不好——对现在的他来说，一切似乎都急转直下。心急如焚的母亲带他去看了儿科医生，医生检查发现艾哈迈德有肌无力的症状，而他之所以踮着脚尖走路，是因为紧绷的跟腱使他的双脚难以放平。此外，和费利西蒂一样，艾哈迈德也有眼睑下垂和眼球活动受限的症状。

雅各布就没那么幸运了，他甚至没能活到一岁生日那一天。刚出生没多久的雅各布就被查出患有贫血——他的骨髓无法产生足够的红细胞以满足身体的需要。因为病情严重，他需要靠定期输血来维持生命。此外，他的胰腺无法正常工作，导致他不能很好地吸收营养。他血液中的乳酸含量始终居高不下，而且自出生那天起，他的肝脏就一直不好。随着病情持续恶化，最终，不满一岁的雅各布因为肝脏衰竭离开了人世。

尽管我们这三位主人公——雅各布、艾哈迈德和费利西蒂——命运迥然不同，但他们的问题完全相同：他们体内的部分线粒体 DNA 存在大片段缺失突变。由于某种原因，如果你的线粒体 DNA 大片段缺失，你很可能会患上以下三种疾病中的一种——慢性进行性眼外肌麻痹（chronic progressive external ophthalmoplegia, CPEO）①，就像费利西蒂那样；卡恩斯 - 赛尔综合征（Kearns-Sayre syndrome, KSS），像艾哈迈德那样；皮尔逊综合征（Pearson syndrome, PS），也就是雅各布的情况。如果雅各布能活过婴儿期，几乎可以肯定的是，他最终也会表现出与艾哈迈德和费利西蒂类似的眼部症状。虽然这三种疾病名称各异，但它们实际上属于同一种疾病，只是病情严重程度不同——慢性进行性眼外肌麻痹最轻，皮尔逊综合征最重。

在遗传学领域中，我们经常会碰到这种情况：有些我们以为一定会产生广泛影响的 DNA 改变，到头来产生的影响却出乎意料，线粒体 DNA 的突变就是个典型的例子。在构成线粒体基因组的那 16 569 个碱基对中，哪怕只是 1 个碱基对的改变都可能对多个器官造成严重损害，有时这种突变甚至会导致婴儿在出生后的几天内夭折。既然如此，一个缺失了多达四分之三的线粒体 DNA 的人究竟为何只会患上眼病，而且还是过了数十年之久才出现症状的眼病呢？为什么同样是线粒体 DNA 缺失，雅各布没能活过婴儿期，艾哈迈德在童年时期就表现出各种严重症状，而费利西蒂除了眼睛有问题之外完全健康？

对于这些问题背后的原因，我们目前仍知之甚少。唯一可以确定的是，这一切与细胞内相互独立的线粒体基因组有关。线粒体基因组的这一特性，意味着一个细胞内很可能有不止一个版本的线粒体基因组。这可能是无害变异；也可能是因为这些基因组拷贝中有些完全正常，而另一些则发生了有害变异，如 DNA 片段的缺失等。这种同一细胞内两种线粒体基因组共存的情况可以用一个专门的术语来描述：异质性（heteroplasmy）。不难想象，如果细胞中大部分染色体基因组拷贝都正常，其产生的问题应该会比几乎所有线粒体 DNA 都是异常的情况要轻得多。

这至少在一定程度上解释了费利西蒂和雅各布的不同命运：倘若我

---

① 这个名字乍一听很可怕，但实际上就是术语罢了——"慢性"（Chronic）意味着存在很长一段时间，"进行性"（Progressive）指的是会随着时间推移不断恶化，"眼外"指眼睛外部，而"麻痹"的意思是肌肉无法运动。所以连起来就是：你患有一种慢性眼疾，这种病会随着时间的推移而不断恶化，并会影响眼球外侧的肌肉（控制眼球运动的肌肉）。

们能进入他们体内的每一个细胞，清点其中包含的正常与异常线粒体基因组拷贝的数目，我们很可能会发现费利西蒂的细胞内有很多正常的拷贝，雅各布的细胞中则是异常拷贝占多数。正常的线粒体基因组拷贝越少，线粒体的功能越失调，对健康的威胁就越大，发病时间自然也越早。

这就引出了另一个问题。费利西蒂的细胞中肯定也有不少有缺陷的线粒体，但她过去几十年来却一点事都没有，这怎么可能呢？答案是，随着年龄的增长，我们的线粒体中的突变也在累积，包括慢性进行性眼外肌麻痹患者线粒体 DNA 中的缺失突变。自出生时起，费利西蒂体内的一部分线粒体基因组就已经发生了突变，但因为那时她还有足够多功能正常的线粒体基因组拷贝，她的眼部肌肉细胞并没有受到太大影响。此后数十年的时间里，随着这种突变的不断累积，那些肌肉细胞再也承受不住了。所以慢慢地，她的眼睑开始下垂。但可怜的雅各布出生的时候，体内的细胞就已经超过了"崩溃"的临界点——他大部分的线粒体 DNA 都不正常。

不同类型的细胞对这种不断累积的线粒体突变的耐受性也不尽相同，这就解释了我们三位主人公症状表现的差异。对于雅各布而言，他体内的多个组织从一开始就在崩溃的边缘徘徊，因为过多的缺陷线粒体 DNA 早已把它们的细胞压垮，而且这种损害一旦产生就不可逆转。艾哈迈德则处于两个极端之间。他母亲早前注意到的轻微行动笨拙其实就是一种征兆，表明他体内的一些神经细胞已经有点不堪重负。甚至从出生起，他的许多细胞就只能勉强"维持生计"。细胞的这种线粒体损伤积累到一定程度，任何一点额外的损伤都会成为压垮细胞的"最后一根稻草"。所以短短几年后，艾哈迈德的一系列症状就开始出现了。

读到这里，你也许会好奇自己体内的线粒体如何，它们也在积累损伤吗？当然。在 2006 年的一项研究中，美国威斯康星大学的研究人员观察了取自年龄在 49—93 岁之间受试者的肌肉样本，这些人都没有任何已知的线粒体疾病。研究人员发现，所有受试者的肌纤维中都存在突变型线粒体，而且受试者的年龄越大，问题越严重。在 49—50 岁出头的受试者的肌肉样本中，约 6% 的肌纤维带有线粒体 DNA 突变；而在 90 岁以上的受试者中，这一比例为 30%。除此之外，他们还在这些受试者体内发现了线粒体 DNA 缺失突变的严重程度稳步上升的现象，就像费利西蒂、艾哈迈德和雅各布等线粒体患者那样（只不过严重程度要低得多）。随着年龄的增长，我们都会经历肌肉力量的下降，而这在一定程度上就是由线粒体功能的逐渐衰退导致的。毕竟，你不能指望一台出了故障的发电机提供肌肉所需的能量。

如果说每一个人的线粒体损伤都在不断累积，那么对于人类这一物种而言呢？如果一代又一代人的线粒体 DNA 都在不断衰退，他们怎么可能出生且大多都过着完全正常的生活，没有任何患线粒体疾病的迹象呢？为什么我们没有在数百万年前就灭绝呢？

奇怪的是，答案在瓶颈里。此"瓶颈"非彼瓶颈，所谓"线粒体瓶颈"只是一个比方，指发生在女性生命早期，甚至在她出生前的线粒体 DNA 数量急剧减少的过程，而且与卵细胞中的线粒体数量有关。一个普通的人类体细胞中有数千份线粒体基因组拷贝，但一个人类卵细胞中有大约 20 万个线粒体基因组拷贝。卵子受精后的早期胚胎发育过程中，线粒体的复制滞后于细胞分裂，这样每个细胞中的线粒体数量会迅速下降到一个更为"正常"的水平。在发育中的（雌性）胚胎中，有许多不同类型的细胞，但其中只有一种细胞最终会发育成未来的卵细胞。从这种意义上说，下一代几乎从一开始就被规划好了。

卵细胞的形成过程要经历很多次细胞分裂。其间，线粒体的数量会先急剧下降，之后又会再次上升：这就是瓶颈。我们不确定线粒体的数量到底会降至多少——瓶颈有多紧——也不清楚它是否是个单一的瓶颈，还是说这是一个拓宽和变窄的动态过程，即一种波浪形的瓶颈。不管怎样，这个瓶颈的存在就意味着，如果你一开始只有少量线粒体——也许是 200 个——之后这一数量迅速增至 10 万个，这 200 个线粒体的 DNA 中的任何风险隐患都将成倍增加。这似乎是个馊主意，但也意味着线粒体损伤一代代缓慢累积的情况永远也不会发生。

这一"瓶颈效应"存在的原因是，任何有缺陷的线粒体 DNA 只要通过了这个瓶颈，就会被放大，并很可能最终成为卵子线粒体 DNA 的一个重要组成部分。带有大量异常线粒体基因组拷贝的卵子很可能无法将受损的线粒体基因组传递给后代。最理想的情况是，这种有缺陷的卵子无法继续发育——无法受精，或者即使受精也不能正常分裂形成一个胚胎。也许这就是通常发生的情况。不过，就算这样的卵子偶尔发育成了胚胎，这样的胎儿往往也是一出生就带有严重线粒体损伤，可能永远都没有为人父母的机会。无论是哪种情况，都能保证物种的存续。毕竟只要受损的线粒体 DNA 不会代代相传，这个物种就可以幸免于难，生生不息。从这个角度来看，线粒体疾病的存在，是我们人类为继续生存所付出的代价。

就每一个个体而言，并不是每一个人都为此付出了代价。对于那些不幸要为此付出代价的人来说，这种代价无疑很沉重。虽然确切原因我们不得而知，但我们在费利西蒂、艾哈迈德和雅各布体内发现的那种致病线粒体缺失突变几乎从来不会从母亲传递给孩子。似乎线粒体瓶颈在清除这些缺失突变方面非常在行。然而，换作其他类型的线粒体突变就不一定了。线粒体 DNA 单个碱基的改变（点突变）可能引起的问题，其严重程度完全不亚于雅各布表现出的各种症状。此外，携带相同点突变的个体，如果突变型线粒体 DNA 与健康的线粒体 DNA 在细胞中的比例不同，症状表现也可能存在差异。很多时候，这种情况似乎只会在同一家族中发生一次：阴差阳错之下，一个带有大量异常线粒体 DNA 的卵子产生了，但仅此一次，这种情况在该家族中再也不会发生。但我们也见过一个家族中多个兄弟姐妹都患线粒体病的情况，有时这种致病线粒体突变甚至会代代相传。

可以想见，如果患有某种线粒体病的人能够拥有自己的孩子，这种情况发生的可能性就更高。Leber 遗传性视神经病变（Leber hereditary optic neuropathy, LHON）就是一个典型的例子。患有 Leber 遗传性视神经病变的人发病前通常都很健康，直到十几岁或二十多岁的某一天，他们突然发现自己的一只眼睛视力模糊。这种症状很快就会恶化，那只眼睛至多也只能勉强看清举在眼前的手指。几个月后，他们的另一只眼睛也出现了同样的症状 ①。大多数 Leber 遗传性视神经病变患者的视力不会有任何改善，很多甚至成了盲人。除了视力障碍，有的患者还会并发神经系统疾病，不过通常情况下，视力减退是唯一的症状。

关于 Leber 遗传性视神经病变，还有一些谜团没有解开。首先，很多人虽然携带了这种病的致病线粒体 DNA 突变，但一生都不会发病。其次，男性的发病率要远高于女性。同样是携带 Leber 遗传性视神经病变致病突变，男性携带者发病的概率约为 50%，但女性携带者发病的概率只有约 10%。最后，对于有家族史的 Leber 遗传性视神经病变患者，我们在进行家系分析时经常会发现，发病者的线粒体基因组突变比例——"突变负荷"（mutant load）——能迅速升至 100%，通常是在一两代之内。也就是说，对于 Leber 遗传性视神经病变这种病而言，线粒体瓶颈似乎在"帮倒忙"：它消除的是正常线粒体基因组，却保留了致病的线粒体基因组，其原因我们不得而知。

Leber 遗传性视神经病变所有这些区别于其他线粒体疾病的特点，也决定了我们与病人及其家属的沟通大不相同。患有 Leber 遗传性视神经病变的女性有百分之百的概率会将这种致病线粒体基因组遗传给她的每一个孩子（患有 Leber 遗传性视神经病变的男性实际上没有机会将其遗传给孩子，因为我们的线粒体只能通过我们的母亲遗传 ②）。这意味着她所有的孩子都会继承这种突变线粒体基因组，但只有一半的男孩和 10% 的女孩会出现视力减退。我们既无法预知到底哪些孩子会发病、什么时候发病，也无法预防这种病的发生 ③。

但换作其他线粒体疾病，就另当别论了。

当我们诊断出约瑟夫患有利氏病（Leigh disease）时，他的妹妹凯莉已经出生了。在约瑟夫刚出生还不满一岁的时候，他的母亲波林就带

①可能再过不到四分之一的时间，两只眼睛就都会失明。
②这是一般规律，但具体到每一个个体，情况又因人而异，也有不少例外。父方的线粒体 DNA 也可能在受精卵形成时以某种方式"突破重围"幸存下来，成为孩子线粒体 DNA 的一部分。
③对于高危人群，我们有一些一般性建议可供参考，如不吸烟和不过量饮酒。

着他到处寻医问药，所有医生无不向她保证，约瑟夫体重增长慢、肌张力差并没有什么好担心的。他已经在学习各项技能，其他方面的表现也尚可。但好景不长，约瑟夫出现了更为严重的问题。在一岁生日前后，他得了一场肠胃炎，呕吐和腹泻了一个星期也不见好。就在几个星期前，他终于学会了爬行，但现在他不会爬了，以后也不会了。接下来的几周里，他的手出现了不自主的运动，呼吸也出现了异常，不时伴有换气过度。还怀着凯莉的波林赶忙带约瑟夫去看儿科医生。听闻波林的症状描述，结合初步的检查，医生意识到了问题的严重性，随即安排波林带着约瑟夫去看儿童神经科医生。神经科医生为约瑟夫安排了影像学检查和血液检测，之后又为他做了肌肉和肝脏活检，以评估他的线粒体功能。活检结果提示约瑟夫的线粒体功能异常。

　　现在，凯莉已经两个月大了，当我们与波林和她的丈夫马克探讨约瑟夫检查结果的时候，她就在房间里。我们知道约瑟夫患有某种线粒体疾病，但还不知道具体是哪一种。几乎任何一种突变都有可能导致这些问题发生，因为线粒体与细胞核基因组有着密切关联，线粒体 DNA 的合成和复制要依靠大量细胞核 DNA 编码因子，而这些因子发生突变可以影响线粒体 DNA 的数量和质量。约瑟夫的基因测序结果显示，他体内几乎所有的线粒体都携带一种 $T \rightarrow G$ 的点突变，而这种突变在许多利氏病患者的线粒体基因组中都出现过。这一结果证实神经科医生的判断，她最担心的情况还是发生了。利氏病是一种退行性疾病，确诊这种病就意味着约瑟夫的病情只会持续恶化，他所掌握的各项能力都将丧失殆尽，且再也无法学会新的技能，呼吸和吞咽也会变得愈发困难。就像许多受这种疾病折磨的孩子一样，约瑟夫活不到自己的三岁生日。

　　通常，这类疾病在一个家庭中只会出现一次，但这次不是。在接下来的几个月里，凯莉也表现出了可能患病的迹象。这次我们直接为她做了基因检测。结果显示，凯莉体内几乎每一个线粒体基因组拷贝 8993 位的碱基都是 G，而非正常的 T。惊天噩耗莫过于此。

　　接下来，我们对波林进行了基因检测，发现她有 35% 的线粒体 DNA 携带这种突变。一位成人神经科医生为波林进行了检查，并没有发现这种线粒体基因组突变对她的健康产生任何不利影响。

波林和马克用了近一年的时间才慢慢地从悲伤中走出来，开始学着接受这样一个残酷的现实：两个孩子已奄奄一息，而作为父母的他们却无能为力。擦干了眼泪，生活还是要继续。深思熟虑之后，他们又回到了诊所，询问怎样才能拥有一个健康的孩子。

正如我们将在第七章中看到的，孕育孩子的方式不止一种。我们向波林夫妇提起可以使用捐赠者的卵子，但一番考虑过后，他们询问能否做体外受精，植入前检测胚胎的线粒体是否正常，再选择健康的胚胎植入。这一过程被称为植入前基因检测（pre-implantation genetic testing，PGT）。植入前基因检测常用于家族中存在某种已知遗传病的情况——例如，父母双方都是某种隐性遗传病基因的携带者——也可以用于胚胎染色体的检测。当波林和马克来找我们的时候，植入前基因检测被应用于线粒体疾病检测才不过几年时间。在此之前，人们一直担心用这种检测手段检测胚胎线粒体的有效性。胚胎只经历了几次细胞分裂，基因表达还处在动态变化阶段，且不同细胞的基因表达也存在差异，因而此时做胚胎活检提取细胞进行植入前基因检测，其结果可能无法准确反映胚胎基因组状况。幸运的是，事实并非如此。到 21 世纪初，已经有研究人员整理出了这种特定线粒体突变的数据，这些数据为任何既定突变负荷可能引发的情况提供了指导，一旦这种突变负荷达到 60% 及以上时，胎儿出现严重问题的可能性就会急剧上升。

在波林的第一个体外受精周期中，生成的四枚胚胎突变负荷都超过了 95%，我们一度认为她可能永远也无法拥有一个属于自己的健康孩子，但她又试了一次。这一次有六枚胚胎。其中两枚突变负载超过了 95%，三枚与波林相似——但有一枚胚胎的突变负荷不到 5%。历经万难，波林终得圆满——她顺利怀孕并生下了一个健康的女婴。

当年的那个女婴，如今已经是个亭亭玉立的大姑娘了，现在想来，波林无疑是幸运的。假如她一直无法得到一个患病风险低的胚胎，这个故事可能就是另一个结局：她将永远也无法拥有一个自己孕育的健康孩子。

今天，无数面临与波林和马克相同困境的夫妇，又多了一个新的选择，一种全新的孕育孩子的方式。

这一想法已经酝酿了至少 20 年。每隔 5 年左右，它就会冷不丁地出现在各大报刊中，并被冠以"黑科技"的名号，同时又因为可能引发的伦理问题而遭到人们的猛烈抨击。在过去几年里，它已经成为一个切实可行的选择。其实，它是个很简单的概念：如果一个女性的卵子中含有带缺陷的线粒体（我们暂且称她为"女性 A"），何不从另一个女性（"女性 B"）的卵子中获取健康的线粒体呢？鉴于我们的细胞其实有着复杂的内部结构，绝不仅仅是盛满了细胞液那么简单，因而从实际操作角度来说，更好的方法是把女性 A 卵子的细胞核移入女性 B 的卵子中（当然，前提是先把女性 B 卵子的细胞核取出），之后再对其进行人工受精。或者，我们也可以先对女性 A 的卵子进行人工受精，再将原核——卵核与精核的融合体——移入女性 B 的供卵中。不管哪种方式，你最终得到的都是来自一对想要生一个健康宝宝的夫妇的核 DNA，以及来自另一位女性的线粒体。虽然原核可能夹带一些异常线粒体，但只要它们在胎儿线粒体中的占比很小，就不会有问题。

我们知道这是可行的，因为相关动物实验已经开展了很多年，人类胚胎实验也有先例。2016 年，来自美国纽约的一个研究团队宣布，他们在一名约旦籍妇女身上成功实施了首例线粒体转移术，帮助她顺利诞下了一名健康的男婴。该手术在墨西哥完成，而不是在纽约——因为所有此类线粒体替代基因治疗技术在美国及很多其他国家都被禁止。英国是为数不多的允许使用这种"一父两母"线粒体转移基因治疗技术的国家。英国人类受精与胚胎学管理局（Human Fertilisation and Embryology Authority, HFEA）（一个典型的奥威尔式名字）于 2011 年、2013 年、2014 年和 2016 年分别进行了审查和公众协商，最后在 2016 年 12 月，批准在"疾病遗传可能导致死亡或严重疾病，以及没有其他可接受的替代疗法"的特定情况下，"谨慎"使用这种线粒体转移技术。

使用这项技术确实存在一些隐忧，但一些人的担忧完全是庸人自扰。与胚胎基因编辑一样，线粒体转移技术带来的主要隐忧在于它的安全性。

单从表面上看，线粒体转移的风险似乎更低，因为它并没有改变任何东西——只是把功能正常的细胞的一部分从一个细胞转移到了另一个细胞中（"线粒体转移"这个术语可能容易让人产生误解，因为转移的其实是细胞核，但从概念上看，这么说完全没错）。然而，这种技术并非万无一失，稍有不慎就会造成严重后果。

很多人的关注点并不在安全性上，而是这一基因疗法所产生的"三父母婴儿"可能引发的伦理问题，正是这一点，让这项技术一度饱受争议。有人担心这种基因治疗技术有"扮演上帝"之嫌，尽管我们很难看出它与其他任何人工辅助生育技术有何本质区别。一些人则担心，这可能会让我们滑向"设计婴儿"的深渊。如果非要说"设计"，线粒体转移技术也只是让那些原本没有机会带着正常线粒体出生的婴儿拥有正常的线粒体，仅此而已。从这个角度来说，他们与其他正常的孩子相比，几乎没有任何本质上的区别。"设计婴儿"一说着实有些牵强。

还有一些人认为，这种结合了三位父母的 DNA 于一身的人，可能会出现自我意识的矛盾。要打消这最后一个隐忧，最好的办法也许是把我们的那位终极系谱学家请回来。这一次，我们不再把他的追溯范围限定在母系祖先上，而是与我们相关的每一个人。现在，你认为你有几个祖先呢？让我们一起简单算一算，这次保守一点，按 30 年为一代来计算，这样一个世纪就有三代人。回溯到 100 年前，我们顶多只有 8 位祖先。到 200 年前，是 64 位。但随着时间的推移，这一数字增长得很快。到 500 年前，我们就有多达 32 768 位祖先——相当于一个很大乡镇的人口了。

为何不猜一猜，如果你追溯至 1000 年前，会有多少位祖先呢？

怎么样，算出来了吗？正确答案是：1 073 741 824——你有超过十亿位祖先！不过，鉴于 19 世纪初的世界人口也只有 10 亿多一点，而你的祖先们也不可能均匀地分布在世界各地，你那十多亿位祖先中肯定有很多位在你的系谱中出现了不止一次。没错，也就是说，你的很多祖先之间都有亲缘关系。另外，说到亲缘关系，你和世界上与你来自同一地区的几乎所有人都有亲缘关系（也和世界上其他所有人都有亲缘关系，只不过这种关系可能要追溯到数万年前罢了）。

那么，如果在最近的一代中，你（在一定程度上）有一个额外的亲戚，会有什么不同呢？其实对于如此庞大的家系而言，这完全无关紧要。而且它实际上也确实只是"在一定程度上"，毕竟小小的线粒体基因组的贡献与强大的核基因组相比，完全微不足道。

像波林这样不幸的人本就很少，所以这种线粒体转移的基因疗法也不会变得一发不可收拾。确实有人需要这种技术，这点毋庸置疑。而且在这种疗法开展了很多年之后，人们很可能就会慢慢冷静下来，对它的态度也会有所改观。体外受精不就是个很好的例子吗？一旦我们习以为常，就很容易忘记这种技术刚问世的时候引发的争议有多大。不管是会议上还是体外受精诊所外，抗议声此起彼伏——奇怪的是，抗议的还包括"生命权"团体。如今，体外受精已经成为常规治疗手段，很可能你身边就有尝试过体外受精辅助受孕的人。鉴于线粒体疾病的罕见性，线粒体转移技术可能永远不会成为下一个体外受精——但它很可能像体外受精那样成为常规疗法，根本不成问题。

你也许会想，既然我们对线粒体疾病的认识已如此充分，找到有效的治疗手段应该也不是问题。那可能要让你失望了，我们基本上一无所获。有证据表明，含有一种叫作肌酸（creatine）的补充剂，有助于改善因线粒体疾病导致的肌无力。肌酸是健美运动员的最爱，所以它的一大好处就是相对便宜。许多医生仍在使用"维生素鸡尾酒"来治疗线粒体病患者，他们之所以选择维生素，因为它们属于抗氧化剂，说不定可以拯救日渐衰竭的线粒体。你偶尔会听说这种疗法对有的人效果非常好，但问题在于，你无法知道那个人如果没有接受这种治疗会怎样。

这一点，我可以说是深有体会。那是2012年的一天，我接到了大卫·索伯恩教授的电话。他向我提起一个名叫布兰登的老病人，20多年前，在我还没有来到悉尼儿童医院的时候，他就来这所医院看过病。大卫是线粒体疾病领域的泰斗，他为人们所崇敬的原因有很多，其中一点最为重要——只要有1%做出诊断的可能，他都不会放弃。20世纪90年代初，一位已经退休的神经学家给大卫送去了一些样本进行检测，现在，这么多年过去了，大卫终于得出一个可能的诊断。我是否可以通过提供更多的临床信息联系布兰登的家属，让他们知道这个消息？

于是，我翻出尘封已久的病历资料。原来，布兰登刚出生没几天就出现了呼吸困难。他血液和脊髓液中的乳酸含量非常高，显示他可能患有线粒体疾病。他一直虚弱无力，虽然最终呼吸开始恢复正常，不再需要额外的呼吸支持，但他无法吮吸或吞咽，所以只能依靠管饲来维持生命。住院期间，他血液中的乳酸含量始终居高不下。记录显示，他被转回当地医院治疗，离家人更近一些。病历记录的最后一项内容是布兰登的肌肉和肝脏活检结果，显示他的线粒体功能异常，证实他的确患有一种线粒体病（但我们并不知道具体是哪一种）。这个故事让我想起我接诊过的其他患有严重线粒体病的新生儿，我确信布兰登应该没活多久就与世长辞了。

20 年过去了，寻找布兰登家属的联系方式着实费了我不少功夫，但最终我还是联系上了布兰登的母亲。拨通电话之前，我不知道突然接到电话的她会做何反应，我担心她好不容易从失去儿子的悲恸中走了出来，而我一提起布兰登这个名字，又会勾起她悲伤的回忆。但我完全多虑了：电话那头的她听上去性格开朗，而且似乎很高兴接到我打来的电话。然后……她竟然主动提出要把儿子的电话号码给我！他早就已经完全恢复了，像正常的孩子那样长大、上学，现在在帮家里打理生意。很快，我惊诧地发现自己在和布兰登本人通话。

不久之后，我又听说了另一个携带和布兰登完全相同的基因突变的婴儿，早期的症状也和布兰登差不多，却只活了短短几个月。你肯定会问：这怎么可能呢？这也是我当时的第一反应。为什么一个婴儿早早夭折，而另一个前几周似乎同样生命垂危的婴儿，不仅活了下来，还能茁壮成长？

原来，布兰登从父母那里继承了一个突变的 LYRM4 基因拷贝。这种基因与体内硫的代谢有关，而这又对线粒体的功能至关重要。新生儿一般无法很好地代谢体内的硫，但过了最初的这几个月，相关系统会迅速成熟。也就是说，只要熬过了这几个月，就算你有一个有缺陷的

LYRM4 基因，可能也没什么大碍 ①。

　　现在想来，如果我们在布兰登出生后不久就用"线粒体鸡尾酒疗法"对他进行治疗，看到他的病情平稳下来慢慢开始好转，我们很可能就会想当然地认为是我们的治疗起了作用，但其实大错特错。这并不代表这种治疗方法一无是处，不过通常情况下，它似乎真的没什么用。

　　与此同时，我们似乎即将步入遗传学的又一黄金时代，一个新技术引领下的遗传病精准靶向治疗时代。对一些人来说，这一时代甚至有望攻克医学最大的难题——治愈。

---

① 这种线粒体疾病的病因似乎极为罕见，而像布兰登这样完全康复的情况更是绝无仅有。尽管如此，正如大卫·索伯恩和他的团队在报告布兰登奇迹般康复的那篇论文中提到的那样，给患有这种罕见病的婴儿服用特定的可以促进体内硫代谢的药物或许有用。但目前为止似乎还没有人测试过这种疗法的有效性，这也不足为怪——迄今为止，关于这种 LYRM4 基因突变导致的线粒体疾病的报告只有 3 例。

第七章　畸形学俱乐部

我不想加入任何接受我这样的人作为会员的俱乐部。

——格鲁乔·马克斯①

脸是心灵的镜子，眼睛不言就能袒露心中的秘密。

——圣杰罗姆②

---

① 格鲁乔·马克斯（Groucho Marx，1890—1977），美国著名喜剧演员，好莱坞著名喜剧组合"马克斯三兄弟"成员。——译者注
② 圣杰罗姆（St Jerome，342—420），又译作哲罗姆、耶柔米，早期基督教拉丁神父，被称作古代西方教会中最伟大的圣经学者。——译者注

20 年前，我第一次见到黛安时，她还是个胖乎乎、笑嘻嘻的婴儿。自从比预产期提前整整 10 周来到人世，她就一直牵动着父母和主治医生的神经。她出生时重 2.2 千克，其实比你想象的要重得多——比同孕周早产儿的平均体重重了近 1 千克。对于早产儿而言，体重比预期重不是件坏事，但超过预期 1 千克的情况并不多见，这引起了医生的注意。医生们还发现，她的毛发也比一般早产儿浓密。更令人担忧的是，她的心脏有响亮的杂音。不久，她的心脏就开始衰竭，因为它无法适应子宫外的生活。

你应该经常听到人们把心脏被称为泵。它实际上是两个泵：一个泵（心脏右半部分）从身体各部位收集血液，并将其输送到肺部，以清除二氧化碳，吸饱氧气；另一个更大的泵（心脏左半部分）从肺部收集富含氧气的血液，并将其输送回身体的各个部位。然而，在出生以前，情况大不相同。胎儿要从胎盘中获取氧气和来自母体的养分，也要依赖胎盘净化血液——胎盘于胎儿而言，就像肺、肝、肾的统一体。但胎盘并没有得到它应得的赞誉——想想它在胎儿出生前的无私奉献，称它为"胞衣"（afterbirth）似乎有失尊重。

当胎盘代替肺帮助胎儿"呼吸"时，肺呼吸的是液体，而非空气，所以耗费大量能量将胎儿全身的血液泵入肺部是一种浪费。取而代之的是两条旁路，这样大部分被胎盘供满氧气和营养物质的血液就可以跳过肺部，直抵全身，那里需要它。其中一条旁路位于心脏内部：一条从（负责收集血液的）右心房到左心房的通道，称为卵圆孔（foramen ovale）。另一条旁路是心脏外的一条短动脉，连接主动脉（aorta）——

以心脏为起点将血液输送到全身的高速公路——和肺动脉（pulmonary artery）——将血液由全身输送到肺部的动脉。这就是动脉导管（ductus arteriosus），是胎儿心血管系统的重要部分。

一直到胎儿出生前，这套系统都不会改变。但当她离开母体，呼吸第一口空气的时候，她的心脏会发生一系列变化：心脏左半部分的压力上升，覆盖卵圆孔的组织瓣就这样被猛地关上了，动脉导管也在这时收缩闭合。对大多数人来说，卵圆孔和动脉导管在出生后不久便会完全闭合，最终萎缩成一根连接两条大动脉的不起眼的韧带。

但如果它们没有闭合，那就麻烦了。泵入主动脉的血液会通过动脉导管流回肺部，意味着心脏必须重新泵血。如果这根导管大开（就像黛安那样），这额外的工作量会让心脏不堪重负。有时，药物可以"说服"不愿关闭的导管自行闭合，但对黛安并没有起作用，所以在刚两周大的时候，她就不得不接受开胸手术关闭导管。

手术后的一段时间，一切似乎在向好的方向发展，但好景不长，九个月的时候，黛安的呼吸似乎变得格外困难。检查结果显示，她心脏的右半部分已超负荷运转。最重要的一点是，她没能按时完成各个阶段的任务——与预期相比，她坐得晚，站得晚，走路也很晚。

黛安的医生认为她可能得了某种综合征——但到底是哪种呢？这就是我的任务了，但我毫无头绪。

对大多数人来说，一提到"综合征"这个词，脑海中浮现的是唐氏综合征、图雷特综合征（Tourette syndrome, TS），甚至斯德哥尔摩综合征（Stockholm syndrome）。《超人总动员》（The Incredibles）里的反派就自称"综合征"。这个词和你的孩子联系在一起似乎很可怕。但对医生来说，所谓"综合征"就是同时出现的一组症状。实际上，综合征有数千种，其中大多数都非常罕见。它们有些症状轻微①，有些症状严重，还有很多变化无常：时而轻微，时而严重，时而介于两者之间。即使是在

---

① 你对"轻微"疾病的定义应该与我大不相同。这种区分看起来可能有些随意，但正如我们将在第十一章里看到的，它可能十分重要。

同一个家族中，也有很大的差异——一个人可能几乎没有任何症状，另一个人的症状却致命，而两者都由同一基因的同一突变引起。

我们诊断遗传综合征的主要方法之一——直到最近，几乎是唯一的方法——就是观察我们的患者，试图识别出某种特征。这是一种叫"畸形学"（dysmorphology）的技能——一个恶意满满的词，因为它的字面意思是关于畸变形态的研究。你一定不希望它用在你身上，你的孩子就更不用提了。如果我们非要使用希腊词根，称它为"模式学"（patternology）或"原型学"（protypology）可能要好一些。

畸形学家——顾名思义，研究畸形学的人——通过一个人的脸型及其他特点寻找易于识别的典型特征。毛发、皮肤、指甲、牙齿、手掌和脚掌的纹路，甚至指纹都有助于综合征的诊断，神经和发育方面的问题、行为，乃至睡眠模式也都是有价值的信息。虽然专业的畸形学家几乎都接受过临床遗传学专业培训，但从真正意义上讲，每一个目之所及的人都是畸形学家，你也不例外。如果你见过一两个唐氏综合征患者，你就很可能有能力在其他人身上发现这种情况，不需要验血也能做出判断。哪怕是把你的家人和朋友与一般的熟人区分开来这种再简单不过的任务，你所用到的也是一个畸形学家的基本技能。一位临床遗传学家的不同之处在于，她会着重研究罕见的面部特征，特别是那些经常与其他特征一同出现的特征，如智力障碍。有时，你在诊所见到了一个人，明明是第一次见面，却像在街上遇到的老朋友那般似曾相识，或者说，他给你带来的视觉冲击，就像你在超市一眼认出了某位名人一样。

遗传学的现场诊断（spot diagnosis）就源自那种一下子认出某个人的视觉冲击感。我们通常会为病人预约一个小时的看诊时间，而这并不足以让我们了解我们所需的病人的所有信息。我们可能需要考虑复杂的家族史，了解这位患者的病史，对他进行身体检查，并讨论我们的发现和接下来的计划。如果你在病人走进诊室的那一刻就做出了诊断，在这一小时里你会做什么呢？千万注意！你可不能说："你好，很高兴认识你。你的孩子患有努南综合征（Noonan syndrome, NS）。"对方可能一时难以接受，因而不会有什么好结果。对畸形学家来说，我没什么特别之处，但我偶尔也能做出现场判断。如果你已经有了明确答案，却还要装出一副不知道的样子走一遍流程，这着实尴尬，我深有体会。

即使你的一言一行已经足够谨慎，人们依然不愿从你口中听到自己或孩子患有某种综合征的消息，这也不难理解。有一次，一位儿科医生让我去看一个出生后不久就出现低血糖的婴儿。经过治疗，这个问题得到了改善，现在她已经康复了。但是儿科医生觉得她身体的血糖调节机制可能存在问题，让我去看一眼，判断是否需要做其他检查。

因为预约耽搁了一些时间，所以我第一次见到海伦娜时，她已经快满一岁了。我注意到，就她这个年龄而言，她的个子很高，脑袋也比较大。她长得像她的父母……但她的额头和眼距都很宽，下颌小且伴有一条明显褶皱。简言之，她看起来和其他患有韦弗综合征（Weaver syndrome）的人一模一样。我为她安排了基因检测，结果证实了我的判断。

患有韦弗综合征的儿童通常比同龄人高大，且带有显著的面部特征。他们走路很慢，行动也比较笨拙。他们常有某种程度的智力障碍，但并不绝对——他们中的一些人智力正常，长大后与常人基本无异。除了智力障碍，这种病还可能带来其他一系列健康问题，包括新生儿时期的低血糖。其中最令人担忧的可能是韦弗综合征患儿罹患某些儿童癌症的风险似乎比一般人群高。

想象一下，你幼小的女儿在出生第一周出现过几次低血糖，但现在她看起来很好。为了保险起见，你的儿科医生安排你带着她去看遗传学家。你还犹豫着要不要取消预约，毕竟你也不指望得到任何重要信息……然后，遗传学家就告诉了你女儿患病的消息。你能接受这个结果吗？你也许会说（换作是我也会这样）：总而言之，知道总比不知道好。说不定孩子有心脏病但之前并没有诊断出来，借此机会正好可以查个清楚，因为我们会为刚确诊韦弗综合征的儿童做心脏病筛查（海伦娜确实患有一种轻微的心脏病，但好在是那种不需要任何治疗的类型）。同样的，如果你知道你的孩子可能出现发育和学习方面的问题，你可以密切关注她，必要的情况下尽早干预治疗。也许，知道孩子有患上癌症的风险能够让你及早发现症状，从而让她及早接受治疗。这种韦弗综合征带来的患癌风险的增加似乎非常小，所以这部分信息也很可能与你的孩子毫不相干。

知道诊断结果的弊端也显而易见。知道孩子有更高的患癌风险不一定有多大好处，你反而更可能因此惶惶不安。同样的，得知她可能出现学习障碍，对你而言应该也不好受，况且说不定她不会出现这种问题。这会不会让你的孩子蒙羞呢？如果别人知道她有某种综合征，会怎么看她？这会影响你和她的关系吗？你会从此开始过分保护她吗？你又会怎样把这个消息告诉你的父母、其他亲戚、朋友，还有她学校的老师呢？

所有这些都绝非易事。有时候，我准备与孩子的父母坐下来交谈，想到我将把所有这些担忧、不确定性和模棱两可统统丢进他们的生活中，我就会反思我到底做得对不对。让这些深爱着孩子的快乐父母再多享受一段宁静祥和的时光难道不是更好吗？等出现问题再做诊断不是更好吗？

当然，这只是少数情况。通常人们来我们这里寻求答案，是真心希望我们能把我们知道的关于这种综合征的一切毫无保留地告诉他们——哪怕是坏消息。让我感到些许安慰的是，很多时候，孩子和他的整个家庭能够直接获益于我们传达的这些信息。比如，他们可能以此发现某种与该综合征有关但未被察觉的健康问题，及时治疗。此外，有些综合征在同一家庭未来其他孩子身上再次发生的概率很高。这样的信息至关重要，因为它让这些父母拥有了选择权（关于这一点之后会详述，特别是本书第十一章）。

面对不计其数的综合征，即使最好的畸形学家也不能指望对每一种综合征做出现场诊断，这个时候我们的各种工具就派上用场了。最早的工具自然是书籍。最有名的畸形学专著当数《史密斯人类先天性畸形图谱》（*Smith's Recognizable Patterns of Human Malformation*）。这本书首次出版于 1970 年，是一本关于常见与非常见畸形综合征的手册。作者根据每种综合征的主要特点对它们进行了分类，对于每一种综合征，都会先通过一页的篇幅来描述，再附上几张具有该综合征典型特征的患者照片。《戈林头颈部综合征》（*Gorlin's Syndromes of the Head and Neck*）初版于 1964 年，是一部与《史密斯人类先天性畸形图谱》内容相似但更全面的巨著。最新版《戈林头颈部综合征》的编辑和作者都是现代畸形学领域赫赫有名的人物——荷兰著名畸形学家拉乌尔·亨内卡姆（Raoul Hennekam），英国畸形学泰斗迪·多奈（Di Donnai）教授，两位伟大的加拿大女畸形学家朱迪思·霍尔（Judiths Hall）和朱迪思·阿兰森（Judiths Allanson），以及包括鲍勃·戈林（Bob Gorlin）本人、迈克尔·科恩（M. Michael Cohen）等人在内的美国畸形学专家。

在我刚成为一名遗传学家，还在接受畸形学培训的时候，每每遇到问题，我总会在《戈林头颈部综合征》中寻找答案。比如我刚在门诊接诊了一个病人，而我可以肯定这是一张我以前见过的脸，我就会立刻回到办公室翻开这本书，搜寻可能与之匹配的综合征。我并不是一个会制订新年计划的人，但若要说有没有与之类似的举动，我倒是会偶尔心血来潮，决定每天花一些时间来阅读这部巨著[1]，也不求多，一天"啃"下一种综合征，争取把关于这种病的细节都背下来，下次就能派上用场了。要是当初能多坚持几天，我现在肯定会是一个更好的畸形学家。

当人们开始正式描述和命名综合征时，他们并没有把自己看作畸形学家。当然，他们也不是临床遗传学家，临床遗传学是近年来新兴的专业，而人们很早以前就开始描述综合征了。辨识一种所谓的"新"综合征，实际上就是一个发现的过程，因为它自始至终都存在于人群中。正如《圣经·旧约·传道书》中所述："日光之下无新事。"在现代医学出现之前，出生时就患有严重综合征的婴儿根本活不过婴儿期，从这个角度来说，我们现在辨别出的一些综合征，确实可以算是最近才出现的。换言之，它们可能一直存在，只是我们无法发现罢了。有记录表明，早在许多个世纪以前，人类就已经注意到了综合征的存在。古埃及神系中的两个神比斯（Bes）和普塔（Ptah）都形似侏儒——他们可能患有软骨发育不全（achondroplasia），就像演员大卫·拉帕波特（David Rappaport）和彼得·丁拉基（Peter Dinklage）那样。毫无疑问，这些神的形象在现实中有原型，当时的古埃及应该有不少患有这种（主要由遗传导致的）侏儒综合征的人。

---

[1] 有朝一日，我还会读一读马塞尔·普鲁斯特的长篇小说《追忆似水年华》，肯定的。

随着绘画技术的提高，后来的艺术创作对综合征的刻画愈加清晰。曾有人尝试在 15—16 世纪描绘的各种天使和圣婴的脸上寻找唐氏综合征的蛛丝马迹。在我看来，这些大多有些牵强。但 17 世纪，西班牙著名画家迭戈·委拉斯开兹（Diego Velázquez）创作的肖像画中，至少十幅的主人公身材都很矮小。他的一些其他画作，如《赛巴斯钦·莫拉的肖像》（*the Portrait of Sebastián de Morra*）（他肯定患有软骨发育不全），将这种综合征描绘得已足够清晰，纵使跨越了这么多个世纪，一眼就能做出诊断。

更近一些，美国画家伊万·勒·洛林·奥尔布赖特（Ivan Le Lorraine Albright）1929 年的画作《在那些离开的人中》（*Among Those Left*）准确无误地描绘了一个患有努南综合征的男子——这比心脏病学家杰奎琳·努南（Jacqueline Noonan）首次系统描述这种疾病早了 34 年。

努南综合征患者往往比一般人要矮。他们中的许多人有先天性心脏病，其中心脏右半部分与肺动脉之间的肺动脉瓣狭窄（肺动脉我们之前提到过，就是那条将血液输送到肺部充氧的动脉）最为多见。有的患者还会出现学习障碍，但并不是全部——我听说过一位患有努南综合征的医生。也许还有其他健康问题。努南综合征最典型的特点是这种特殊的面容：下垂的眼睑；眼睛向斜后方斜视；耳朵位置较低且向后倾斜；宽大，甚至呈"蹼状"的脖子。听了这样的描述，你可能会觉得这种病的患者在人群中应该格外显眼，但其实不然，他们看起来大多与常人无异，只是碰巧长得彼此相像罢了。随着患儿慢慢长大成人，这些特征会变得不那么明显，所以，当我在一个孩子的身上诊断出努南综合征时，可能无法确定孩子的父亲或母亲是否也患有这种疾病。

努南综合征患者的一些特征十分微妙，如果不懂其中的门道，你可能永远也注意不到它们，指纹尤为如此。人类的指纹主要有三种类型：螺纹形、拱形和环形 ①。放大后，指纹看起来就像手指（或脚趾，但出于

---

① 虽说与人类遗传学没有太大关联，但我还是忍不住要提一嘴。其实考拉的指纹与我们人类的指纹没什么区别。所以如果有一天，你的房子"失窃"了，而"窃贼"是从一扇很高的窗户进来的，而且唯一被偷走的东西似乎是你花瓶里的桉树叶……警方的指纹数据库可能对追踪这个"犯人"没有太大帮助。

某种原因，人们对趾纹并没有太多兴趣）皮肤上的一系列平行的脊状隆起。这些脊可以在手指指腹上形成各种图案。拱形就是一些线条从一侧进入，形成一个指向手指末端的峰，然后穿到另一侧。环形就是一些线从指腹的一侧（通常是离拇指远的那侧）进来，进入或穿过指腹中部，然后原路返回。螺纹形就是一些脊线会自己回环，形成一个椭圆形——也有一些不规则的螺纹，比如双螺旋纹，看起来更像一个 S。

看看你自己的指纹——你可能有环形和螺旋形，也可能有一两个拱形。如果看不清，手边也没有放大镜，你可以用手机把它们拍下来，然后放大（挑个光线好的地方拍摄效果会更好）。你可以顺便观察下你手掌上的线条，以及手指靠手掌那侧的褶皱。对这些线条和褶皱的研究称为皮纹学（dermatoglyphics①），特别是在我刚开始研究遗传学的时候，我们花了大量的时间凝视手指，数它们上面有多少个环、拱和螺纹，训练以此做出诊断的能力。

这是因为我们发现，某些综合征患者的皮纹会表现出与众不同的特征。患有努南综合征及其他一些疾病的人，螺纹形指纹的比例比一般人群高。唐氏综合征患者通常只有一条横掌纹：与一般人手掌上的两根呈一定角度横贯手掌的明显线条不同，他们很可能只有一根水平穿过手掌的线条。不过，如果你只有一条横掌纹也不要担心——1%—2% 的人的一只手或两只手会出现这种情况，这只是一种正常的变异。同样的，如果你有很多螺纹，或一条螺纹都没有，也不要太过担心。虽说它确实与各种综合征有关，但一想到有那么多正常变异都会导致这种情况发生，单凭这一信息也无法做出判断。但我还是要多提一嘴，纵使一般而言皮纹的参考意义不大，也阻挡不了那些沉迷于从中"挖掘"意义的人——他们想出了无数种将皮纹学与智力、个性、患癌风险等联系起来的方法。即使在今天，仍有不少公司以此获益。它们收了你的钱，帮你"分析"指纹，然后出具一份报告，告诉你你有哪些优缺点，并就职业选择提出

———
① 源自希腊语，意为"皮肤"（dermato）和"雕刻"（gluphikos）。这是对你皮肤上雕刻的研究——相当富有诗意。

建议。不过，既然可以在网上免费占星，这钱好像花得并不怎么值。

除了多余的螺纹，努南综合征患者通常还有胎儿的指尖垫——指尖中部的小突起。这些也可能是正常的变异。然而，就像努南综合征患者手指的螺纹一样，它们可能提示胚胎发育初期发生的某种异常情况。指纹大约从怀孕第 10 周开始形成，到大约第 18 周时定型。超声扫描显示，患有努南综合征的胎儿通常会在这个时候出现皮下积液，因为它们体内的"排水系统"似乎出了故障。这种积液会留下永久性印记——指纹脊线形成过程中，指尖会变得有点肿胀，这就更容易形成螺纹，那些被积液撑起的多余皮肤继续在那里生长，形成了胎儿的指垫。更为明显的是，液体也可能会在胎儿颈后部积聚，撑大颈部的皮肤，这便是我们在一些努南综合征患者身上看到的蹼状颈。

也就是说，我们的手上真的可能写着一些关于早期胚胎发育的线索。现在，最有用的线索可能是"褶皱缺失"。如果我们看到一个患有神经系统疾病的孩子手指关节上没有褶皱或者褶皱模糊不清，就意味着这些关节在褶皱应该形成的时候没怎么运动。这说明从很小的时候起，这个孩子的运动就有问题——这样一来，就可以排除很多可能导致这种神经系统疾病的其他问题。例如，这个孩子不太可能在出生时才出现这种神经系统异常。

说到缺失，几乎每个人都有指纹，但也有一些不幸之人没有指纹。有时，这可能会伴随着其他健康问题，但也有少部分人属于另一种情况——"单一症状性皮纹病"（isolated adermatoglyphia）。这类人其他方面完全健康，唯独没有指纹或正常的手掌褶皱。你可能会觉得这是种无关痛痒的病，事实上，在人类历史的大部分时间里确实如此。特别是自 19 世纪 90 年代指纹首次被用于法医检验以来，对于患有这种皮纹病的偶发性犯罪者来说，没有比这更好的消息了，那些年里他们可能一直都很活跃，却始终逍遥法外。不过，没有指纹并不总是能带来"便利"。近年来，对一类特殊群体而言，这种单一症状性皮纹病越来越成为困扰他们的一大问题——没错，就是跨境移民。现在，越来越多的国家要求移民在入境时提供指纹，你能想象向一位美国入境官员解释"为什么我没有指纹"的情形吗？那些因此受累的家庭称这种病为"移民延期病"（immigration delay disease）也不无道理。

　　单从名字来看，皮纹病（adermatoglyphia）其实是一个很好的描述综合征名称的例子。这一名称描述了病情，既简洁又完整：前缀"a-"的含义是"缺失"，这种情况下缺失的就是皮纹。如果不知道这个词的意思，乍一听你可能会觉得它有些晦涩。现在你知道了，是不是觉得它十分简单明了？还有很多综合征的名字也有异曲同工之妙。例如，进行性骨化性纤维发育不良（Fibrodysplasia ossificans progressive, FOP）就可以拆分开来理解：

　　纤维发育不良（fibrodysplasia）——纤维组织（韧带和肌腱）异常

　　骨化性（ossificans）——变成骨头

　　进行性（progressiva）——渐进地

　　如果你患有进行性骨化性纤维发育不良，你的纤维组织就会逐渐骨化——让你逐渐丧失行动能力。这是一种有致残风险的残酷疾病。[1]

　　如今，拉丁语和希腊语已不再是医学生的必修课，所以还产生了有很多更为直观的描述性综合征名称。医生们喜欢首字母缩略词，遗传学家们也不例外。例如，VACTERL 是椎骨（Vertebrae，构成脊椎的骨头）畸形、肛门（Anal）畸形、心脏（Cardiac）异常和气管（Tracheo）- 食管瘘（Esophageal fistula）（气管与食道之间的异常通路）等症状的统称，这种疾病是由一位美国人命名的，后半部分的拼写顺序应为食道（Esophagus）、肾脏（Renal）畸形和肢体（Limb）异常，即 VACTERL 综合征[2]。

　　然而有时候，创造一个巧妙的首字母缩略词的冲动可能会产生适得其反的结果。身材矮小是 SHORT 综合征的症状之一，但要向患儿的父母解释 SHORT 综合征真实存在，并不仅仅意味着孩子矮小，绕来绕去

---

[1] 关于这种病，目前有一些治疗方法正处在临床试验阶段。但愿会有好消息吧。

[2] 这种同时发生多系统畸形的疾病最初提出时称为 VATER 综合征或 VATER 联合畸形，后因其还可能出现心脏、肾脏、肢体等畸形，故也有学者将 VATER 综合征称为 VACTERL 综合征。——译者注

着实麻烦。CHILD 综合征对患儿的家人而言也一定不是个讨喜的名字。PHACE 综合征确实会影响脸部，但这个名字本身又更容易招致旁人对患者脸部的过分关注，对患者而言无疑是残酷的。SeSAME、CRASH 和 RIDDLE 这几个综合征的名字都有点问题，尤其是最后一种综合征，包括放射敏感性增加 (increased Radiosensitivity)、轻度免疫缺陷（mild ImmunoDeficiency）、畸形特征（Dysmorphic features）以及学习障碍（LEarning difficulties）。没人愿意听到他们的孩子有一个谜语一样的"明确诊断"。ANOTHER 综合征①同样是一个难以解释的名字，CHIME 和 TARP 综合征则或许没那么糟糕。如果打算为一种新综合征起一个首字母缩略词的名字，你最好避开那些已有含义的缩略词，像 CADASIL、CODAS、GAPO、MASA、MEDNIK 和 MELAS 等看起来就很靠谱。

不仅仅是综合征的名字可能会引发问题。以水平掌褶纹（single transverse palmar crease），即上面提到过的只有一条横贯手掌的横褶线为例。这种掌褶的旧称是"simian crease"，现在仍有人在使用。"simian"在这里的意思是"猴子或类人猿"。猴子和其他（除我们以外的）猿类手掌上的褶纹并不相同，有些猴子确实只有一条褶皱，但这并不意味着可以把一个孩子比作猴子。

还有些综合征的名字太多了。在这方面，软腭-心-面综合征（velocardiofacial syndrome, VCFS）大概是冠军。患有软腭-心-面综合征的人可能有腭裂（velo，指上颚）、心脏（cardio）异常以及独特的面容，这种面容表现往往不易察觉，看上去也没什么异常之处。软腭-心-面综合征的曾用名和其他现在还在使用的名字包括：

22q11.2 缺失综合征（22q11.2 deletion syndrome）——大多数 VCFS 患者的 22 号染色体有缺失片段。

22q11.2 微缺失综合征（22q11.2 microdeletion syndrome）——强调它有染色体上一小部分的缺失。

单体性 22q11.2 综合征（monosomy 22q11.2）——"22 号染色体有

① 这可不是我编的。

小段缺失"的另一种说法。

CATCH22 综合征……别问为什么，我只想说这是又一个创造医学缩略语的反例。好在这一名称的发明者、英国著名遗传学家约翰·伯恩爵士大方承认了这一错误，并于 1999 年，在提出这一名称仅仅六年之后，正式取消了它的使用。正如他所说的那样，约瑟夫·海勒所谓的"第二十二条军规"（Catch-22）描述的是一种进退维谷的局面 [①]——还是同样的道理，你不会希望它发生在你自己或孩子身上。

CATCH 表型综合征——在患者群体的一片谴责声中，仍想要保留"CATCH22"的"CATCH"部分的短暂尝试。

圆锥动脉干异常面容综合征（conotruncal anomaly face syndrome, CAFS）——"圆锥动脉干"指的是这种疾病的患儿带有的一组特殊的心脏畸形，"面容"则是因为特殊的面容也是这种综合征的一大表现。

迪乔治综合征（DiGeorge syndrome）。

斯德拉科娃综合征（Sedláčková syndrome）。

斯普林泽综合征（Shprintzen syndrome）。

Strong 综合征。

Takao 综合征。

这种疾病之所以会有这么多不同的名称，一个合理的解释，是它相对常见，但是表现形式多样，所以很多人都对它进行了描述。之后我们意识到，他们看似是在描述截然不同的疾病，但其实只不过从不同角度描述同一种疾病罢了。即使现在，仍有人认为应保留几个不同的名称。美国儿科内分泌学家安吉洛·迪乔治（Angelo DiGeorge）曾描述了这种疾病的某个极其严重的类型，这种情况下，患儿会出现危及生命的免疫

①你应该读过《第二十二条军规》，但以防万一我再解释一下：所谓的进退维谷，就是该小说中那些二战飞行员所面临的困境。根据"第二十二条军规"，只有疯子可以获准免于飞行，但必须由本人递交申请。你递交这一申请就证明你有理性思维……因此你不可能是个疯子。正如书中所写："如果奥尔要执行更多的飞行任务，他就是疯狂的，反之就是清醒的，但如果他是清醒的，他又不得不飞。如果他飞了就表明他疯了，本来是不用飞的，但如果他不想飞就说明他是清醒的，所以非飞不可。"

缺陷。大多数软腭-心-面综合征患者的免疫系统都没有问题。与一般人群相比，他们的白细胞数值可能略微偏高，但并不一定由感染造成。所以，如果有一个孩子 22 号染色体的特定部位存在缺失，且同时伴有严重免疫缺陷，我们仍然应该诊断他患的是迪乔治综合征。

除了这种特殊情况，一个名称对应一种遗传综合征是最好的。这样做有诸多优点——它让同病相怜的患者们更容易找到彼此，还统一了医学文献，更可以有效避免混淆。

上述的多个人名中，在遗传学领域最负盛名的要数迪乔治和斯普林泽。20 世纪 90 年代的一段时间里，用斯普林泽的名字来命名这种遗传综合征似乎就要确定了。1978 年，语言病理学家罗伯特·斯普林泽博士和他的同事发表了一篇论文，描述了 12 名患有软腭-心-面综合征的儿童。三年后，该小组发表了另一篇论文，描述了 39 位软腭-心-面综合征患者，并准确识别出了这种疾病的遗传模式。在接下来的几年里，斯普林泽博士一次又一次地更新着我们对软腭-心-面综合征这种疾病的认知，"斯普林泽综合征"的叫法就这样在遗传学领域慢慢传开了。据我所知，斯普林泽本人从未使用过这个名字，而总是用最开始的叫法——软腭-心-面综合征。

如果"斯普林泽综合征"保留了下来，可能有失公允，虽然这并不能怪罗伯特·斯普林泽。早在 1955 年，艾瓦·斯德拉科娃就发表了一篇描述 26 位患者的文章——后来人们才发现，这些病人患的正是 20 年之后斯普林泽描述的疾病。她的那篇论文是用捷克语写的，所以斯普林泽和他的同事对那篇文章一无所知也就不足为奇了。当时的布拉格是欧洲治疗唇腭裂的中心之一，之后数年的时间里，"斯德拉科娃综合征"出现在了越来越多的德语和法语教科书中。直到 20 世纪 90 年代，该综合征与软腭-心-面综合征间的关联得以证实，斯德拉科娃的贡献才引起英语国家的注意（至少在那些对软腭-心-面综合征这种疾病感兴趣的英语国家）。

如果有一种综合征用你的名字来命名，这种感觉有点像彩票中奖。通常情况下，事情会进展得很顺利——某人首次对某种综合征进行了描述，下一个发表有关该病症论文的人意识到了这一点，于是再描述这种综合征时就会附上首个描述者的名字，皆大欢喜。然而很多时候，事情没有那么简单——比如，按理说我们每次提到软腭-心-面综合征的时候，都应该把斯德拉科娃博士的名字念出来。今天看来，用某个人或某些人的名字来命名疾病，很多时候也不一定需要特定的理由。有时，用的可能是论文第一作者的名字，如果有不止一位作者，也可能会用多个人的名字来命名。还有一些综合征的名字很奇葩，例如，为什么科妮莉亚·德兰格综合征（Cornelia de Lange syndrome，我就知道这一例）用的是德兰格医生的全名，而不是像往常那样仅用她的姓呢？

有时，两个或更多医生会把他们的名字拼在一起来命名。这偶尔可能是因为其中有人特别多产，为避免混淆，所以加上了其他人的名字。例如，有一种综合征叫斯普林泽-戈德堡综合征（Shprintzen-Goldberg syndrome），不能称它为斯普林泽综合征，是因为这个名字已经被占用了。但令人困惑的是，还有一种叫戈德堡-斯普林泽综合征（Goldberg-Sphrintzen syndrome）的疾病，同样的戈德堡，同样的斯普林泽，看似只是顺序的颠倒，却是两种截然不同的综合征。要说谁的名字在遗传综合征名称中出现的次数最多，约翰·奥皮茨（John Opitz）是当之无愧的冠军。以他的名字命名的综合征包括奥皮茨 G/BBB 综合征（又称奥皮茨 G、奥皮茨 BBB 或奥皮茨-弗里亚斯综合征），奥皮茨 C 综合征（又称奥皮茨三角头畸形综合征）、奥皮茨-卡维基亚综合征、博林-奥皮茨综合征以及史密斯-莱姆利-奥皮茨综合征。其中的 G、BBB 和 C 源自奥皮茨在20 世纪六七十年代尝试过的命名法，即用他描述的病人姓名中的第一个字母来命名这种新的综合征（他有篇论文的题目就是《多发性先天畸形 C 综合征》（*The C Syndrome of Multiple Congenital Anomalies*）。其他领域似乎对这种命名法并不怎么感冒，此外，鉴于英文一共就 26 个字母，一旦用这种方法命名的综合征超过了 26 种，它也就失去意义了。

顺便说一句，像斯普林泽那样谦逊低调地对待以自己名字命名的综合征的学者，其实还有很多。在杰奎琳·努南第一次完整描述努南综合征之前，已经有多位学者对这种疾病进行过描述（但当时包括努南在内的大多数人对此一无所知）。之后，得知真相的努南似乎花了很长时间才适应人们以她的名字命名这一综合征——在"努南综合征"已经被人们叫了近十年之后，努南才开始在论文中使用这一名称。在 1968 年出版的一份杂志特刊上，刊载了五篇关于这种疾病的论文，其中四篇的栏外标题都是"努南综合征"，唯有一篇例外，那篇文章的作者正是努南博士。

时代更迭，但这份谦逊历久弥坚。1998 年，我的朋友大卫·莫瓦特和梅瑞狄斯·威尔逊与同事们共同描述了一种综合征。很快，人们就将这种综合征称为莫瓦特-威尔逊综合征（Mowat-Wilson syndrome）[①]。尽管大卫和梅瑞狄斯最终在发表的论文中使用了这一名称，但在我的印象里，从未听他们中的任何一位提到过"莫瓦特 - 威尔逊综合征"这个词，顶多会用缩略词"MWS"来表达。

当然，趋势终归是趋势，总会有逆势而行的人。贝特斯（Bettex）和格拉夫（Graf）博士就是两个"不走寻常路"的人。1998 年，他们二人打算共同发表一篇论文，描述一种新综合征。他们最终敲定的文章标题可谓简单粗暴：《上颚发育不良贝特斯-格拉夫——一种新综合征》（Oro-palatal Dysplasia Bettex-Graf — a New Syndrome）。可惜，他们的这一"独创术语"似乎没有流行起来，或者可能是这种病症太罕见了，见过的人寥寥无几，使用这个名称的就更不用提了。

综合征的命名也曾引发过争议。有时候，这种争议由名字的先后顺序引发，要不就是民族自豪感在作祟。到底是西尔维-拉塞尔综合征，还是拉塞尔-西尔维综合征？西尔维是美国人，拉塞尔是英国人……所以你猜西尔维-拉塞尔综合征在哪儿用得更多？哈勒沃登-斯帕茨病引发的

---

① 我曾经在一家购物中心里诊断出了一个患有莫瓦特-威尔逊综合征的孩子。当时，我正搭乘自动扶梯下楼，而她则在另一侧上行的自动扶梯上。她坐着轮椅，有着非常典型的面部特征，我十分肯定她患的就是莫瓦特 - 威尔逊综合征。在我们接近彼此的那么几秒钟，我在想：应该告诉女孩的家人吗？这可能有些失礼，会冒犯对方，但如果他们不知道自己的孩子患的是什么病呢？我一时不知该如何是好，最终，犹豫不决让我错失了机会。那家人从我身旁擦肩而过，走进停车场，消失在了我的视线里。我永远也不会知道自己到底是不是做错了。

争议更大，现在我们已经不这么叫了，而是改称泛酸激酶相关神经退行性病变（pantothenate kinase-associated neurodegeneration, PKAN）。

两个人的名字孰先孰后并不是这场争议的焦点。在 1922 年发表的一篇论文中，朱利叶斯·哈勒沃尔登（Julius Hallervorden）和雨果·斯帕茨（Hugo Spatz）描述了受同一种此前从未被报道过的疾病折磨的五姐妹，其中包含了翔实的临床与病理学数据。哈勒沃尔登是位富有开创精神的神经科学家，据他以前一名学生的说法，他"安静、内敛""一心只想着科学及神经病理学研究"；同时，他是一位"和蔼可亲、启迪人心的老师"；还有人评价他"善良、谦虚，带有一种冷幽默"。在他的职业生涯中，共发表了120篇论文，他对医学做出的杰出贡献也为他赢得了诸多荣誉。所以，无论从哪一方面来看，哈勒沃尔登都无可挑剔，这样一位令学生引以为傲的老师、出类拔萃的科学家，在描述一种重要的神经系统疾病时享有优先权似乎也无可非议。他确实配得上以自己的名字来命名综合征的殊荣。

除了……他用于科研的一些材料的来源。哈勒沃尔登第一次描述泛酸激酶相关神经退行性病变时的相关研究工作在德国慕尼黑的一家研究机构开展，而雨果·斯帕茨是该机构的负责人。20 世纪 30 年代末至 40 年代，哈勒沃尔登一直在柏林工作。当时，纳粹正在实施所谓的"种族优生"（racial hygiene）计划，有智力缺陷或身体畸形的儿童被大量残杀；在 T4 计划（the T4 program）中，还有 7 万余名精神病患者被毒气杀死。哈勒沃尔登显然把这一切视为获取研究材料的绝佳机会。他曾于 1942 年写道："我已经解剖了 500 颗弱智者的大脑。"这些大脑是怎么来的，哈勒沃尔登一清二楚。据称他还亲口说过："我听说他们要这么做，就过去跟他们说：'听我说，孩子们，如果你们要杀死这些人，起码应该先把他们的大脑取出来，这样才不会浪费这么好的实验材料。'"当被问及能解剖多少大脑时，他回答："我没给他们一个准确的数字，因为越多越好。"事情远不止于此，甚至还有更令人发指的……相信不用我赘述，你也心中有数了。所以，那种疾病的名字只能是泛酸激酶相关神经退行性病变。

在以人名命名的遗传综合征中，最著名的莫过于唐氏综合征①了。约翰·朗顿·唐（John Langdon Down）是一位英国医生，于 19 世纪 60 年代初开始担任厄尔斯伍德精神病院的主任医师。唐干得不错，让这个原本残忍、肮脏的地方多了些许善意和人性。以这段工作经历为契机，唐开始研究起他负责的病人，并于 1866 年发表了那篇名为《对白痴种族分类的观察》（*Observations on an Ethnic Classification of Idiots*）的著名论文。文章只有短短几页篇幅，却让唐在医学史上留下了浓墨重彩的一笔。尽管今天读来，我们可能不太习惯这种唐式的表达，但不可否认的是，这篇文章读起来很有趣，且值得一读。文章开篇唐就阐明自己的观点：对这种"先天性精神损伤"进行分类十分困难——即使在 150 年后的今天，这个问题仍然困扰着我们。他批判了现有的分类体系，详细讨论了多种可能导致这种先天性缺陷的原因，特别是环境的影响，指出这种影响发生在孩子出生之前还是出生之后也至关重要，如"护士给孩子服鸦片了吗""小家伙出什么意外了吗"等。

唐指出，"母性想象"（maternal imagination）可能会让那些生出带有先天缺陷孩子的母亲列举出很多可能导致这一问题的原因，其中有的可能真的有影响，但有的也许并无关联。他的这一观点在今天也仍然适用：如果一个孩子一出生就有畸形或被诊断出某种缺陷，孩子父母就会想是不是怀孕期间的什么插曲导致的——不管是压力大，还是职业原因接触到了化学品，或是粉刷儿童房时不小心吸入了粉尘等。通常这个时候我能做的就是安慰，让他们不要有太大的心理负担，因为大多数情况

---

① 顺便说一下，是"唐氏综合征"（Down syndrome）而非"唐氏的综合征"（Down's syndrome）。尽管有时仍然能看到这种带所有格的综合征名称，但至少从 20 世纪 80 年代初以来，人们就认为这种用法是错误的。因为唐并不拥有这种综合征，他本人也不是这种病的患者。也许唯一可以使用所有格的人名名词是特鲁索综合征（Trousseau's syndrome）。特鲁索是 19 世纪一位法国内科医生，他首次发现癌症患者有时会出现静脉血栓，进而引发静脉炎。这种血栓性静脉炎可在患者身体各个部位反复发作，因而被称为游走性血栓性静脉炎（migratory thrombophlebitis）。不幸的是，就在提出这一发现后不久，特鲁索出现了游走性血栓性静脉炎的症状，最终诊断出自己患有胃癌，让这一病症成了名副其实的"特鲁索综合征"。

下他们的担心并不是导致孩子出问题的根源所在。

从现代的角度来看，唐这一研究的局限在于他对所看到的不同病症进行分类的方式——按种族分类。例如，他在文章里列举了"埃塞俄比亚种型的例子"，描述他们"虽然有欧洲血统，但属于白色黑人"。他还提到了"马来种型"，但不清楚他具体指的是哪种病症。当他提到"蒙古种型"时，我们很清楚他要表达的是什么。唐氏综合征最早被称为"蒙古症"（mongolism），虽然现今医学界已不再使用这一术语，但在 20 世纪 60 年代甚至更晚以前，这种叫法十分普遍。这一名称的由来是，当时唐发现自己一些病人的面部特征与有中亚血统的人相似，于是得出结论——他的病人实际上是亚洲人。更有意思的是，他又进一步指出，如果这是事实，那么种族之间的差异就只是表面上的，他的这一发现"佐证了人类种族的统一性"。

约翰·朗顿·唐生活的年代与我们隔了 150 年之久，其间，时代在进步，科学也在发展。也许今天的我们很难认同他论证的前提和得出的结论，但不可否认，他的这篇著名论文（以及之后写的文章）确实包含了不少准确且有参考价值的临床信息。例如，他观察到唐氏综合征从患者出生时就存在了，而不是后天造成。他还描述了唐氏综合征患者的一些身体特征和性格特征："他们幽默活泼，模仿起别人来也惟妙惟肖。"他指出，这种病的患者通常能够说话，如果有机会，他们还可以学习做手工。唐以一种十分人道的方式对待自己研究的病人，这一点难能可贵，就算是他之后的科学家也不一定都能够做到。

在非人类生物学中，新物种的命名有一个严格的规定：先者为王。第一个描述该物种的人拥有命名权。这一规定还要从一个人说起——休·埃德温·斯特里克兰①。1837 年，斯特里克兰提出了一套规则，试图一改当时物种命名乱象丛生的局面。那个时候，物种的命名杂乱无章，很多人想要重新命名，以致很多物种都有多个不同的名称。身为博物学

---

① 休·埃德温·斯特里克兰（Hugh Edwin Strickland，1811—1853），英国地质学家、鸟类学家、博物学家。——译者注

家的斯特里克兰偶然读到了一份1834年的提案，内容是提议将红腹灰雀
（bullfinch）更名为"煤头鸟"（coalhood），虽说红腹灰雀的头的确是煤
黑色，但这让斯特里克兰忍无可忍，立即着手拟订了22条命名规则，其
中最重要的规则就是最先描述的人享有命名权。

斯特里克兰花了数年时间才说服英国科学促进协会（British
Association for the Advancement of Science）采纳这套规则，而让这套
规则为整个科学界所接受，花了更长的时间。最终，斯特里克兰提出
的这套规则演变为今天的《国际动物命名法规》（International Code of
Zoological Nomenclature）[1]。这部法规已经实行了一个多世纪，这期间虽
然偶尔也有围绕法律解释的争议，但它仍是人们公认的命名准则[2]——
即使有时候，据此做出的决策在我们这些外行看来可能难以接受。例如，
你应该听说过一种叫雷龙的恐龙吧，这个响亮的名称曾一度为大众所熟
知，但后来有古生物学家认为雷龙其实是迷惑龙（虽然我们好像很难看
出这种平均身长超过20米、体重达20吨的动物到底迷惑在哪里）的一种，
又因为"迷惑龙"命名在先，故取消"雷龙"的命名以"迷惑龙"统之。
这对世界各地的业余恐龙爱好者而言无疑是一个打击[3]，我们这些小时候
曾梦想成为古生物学家的人，可能很难接受这一霸气的恐龙名称被取消
的事实，但不管怎么说，有一套统一的命名规则总是好的。

当前的综合征命名体系尽管反复无常，倒也有它的魅力。话虽如此，
我们遗传学家或许还是应该像生物学家那样，摸索一套更为系统的命名

---

[1] 除此之外，还有一部《国际植物命名法规》（International Code of Botanical
Nomenclature）。

[2] 很遗憾，斯特里克兰没能看到这最后的胜利。1853年，他在一场离奇的铁路事故中
不幸去世，年仅42岁。当时，斯特里克兰正在铁轨上检查一处由于修建路堑而暴露出
来的地层，突然一列货运列车迎面驶来，他立即避到了另一条铁轨上——不想却被一
列朝相反方向行驶的快车撞上。

[3] 2015年，来自葡萄牙、意大利和英国的科学家组成的研究团队发表的一篇论文，似
乎又让这个名称"死而复生"了。该团队认为雷龙和迷惑龙并不是同一种恐龙，而是
两个独立的物种。看来，只有发现更多的化石，才能让这场跨越百年的命名之争尘埃
落定。

方法。

抛开综合征的命名不谈，它们庞大的数量可能是一个更为棘手的问题。这也就意味着，要想真正在畸形学上有所建树，除了对那些最常见、最核心的病症了然于胸，在工作中不断积累经验、提升诊断能力，你还需要别的支持。像《史密斯人类先天性畸形图谱》和《戈林头颈部综合征》这样的教科书就可以提供帮助。除此之外，可搜索的数据库也会在必要时助你一臂之力，如伦敦畸形学数据库（London Dysmorphology Database）和澳大利亚的 POSSUM（Pictures of Standard Syndromes and Undiagnosed Malformations）数据库都非常实用。记得我还是临床遗传学实习医生的时候，有一次被叫去重症监护室，看一个患有某种不明综合征的小患者。那是我第一次碰到这种情况，从监护室出来的我径直回到办公室，将那个孩子的临床表现输入 POSSUM 数据库，诊断结果就出来了——遗传学可真简单！事实证明，我还是太天真，下一次如此轻而易举地找到答案，已经是不知道多少年以后了。

最近，随着人工智能技术的蓬勃发展，研究人员人开始利用特别设计的面部识别软件，将待诊断患者的照片（包括 3D 照片）与数据库里的患者照片进行匹配。如今，这项技术已经开始在医学遗传学领域崭露头角，但正如第五章中的测序技术，它不是终点，而是一个全新的起点。

归根结底，畸形学家最好的求助对象，往往是其他畸形学家。每周一下午，我们科室的医生都会聚在一起讨论过去一周接诊的每一位病人。这样的总结研讨会不仅对畸形学至关重要，对我们应对各类疑难杂症也大有裨益。每一个病人都会得到来自第二（以及第三、第四、第五）位医生的诊断意见。我们会展示自己病人的照片：脸、手、脚、胎记等任何我们认为可能是线索的东西。畸形学有自己的术语，光是描述耳朵的形状，我们就可能谈论到耳轮、对耳轮、耳屏、耳珠形、外耳……这样的例子不胜枚举。2009 年，加拿大遗传学家阿拉斯代尔·亨特（Alasdair Hunter）和同事发表了一篇 21 页、包含 70 多张图片的论文，详细解释了畸形学家应该如何描述耳朵。

这只是"畸形学原理"（elements of morphology）系列论文中的一

篇。我们还会谈论"抓手"——当然，我知道你可以揪着别人的两只耳朵，就像两个抓手一样，但此"抓手"非彼"抓手"。我们所说的"抓手"是那些可能有助于我们做出诊断的显著特征。比方说，耳朵偏小就不能算是一个抓手，因为它很常见，健康人也可能出现这种情况。如果耳朵看起来皱巴巴的，就像发育过程中被人捏了一样，就是个不错的抓手，很可能成为帮助你做出诊断的一条重要线索。

就像任何其他技能一样，有些人就是比别人更适合做畸形学家。我和我的病人都很幸运，因为我身边就有很多这样优秀的人。这些年来，我无数次一头雾水地从门诊走出，正当我苦于对病人的病情毫无头绪的时候，有人就在那天下午的总结研讨会上提了一个建议，让我醍醐灌顶。[①]我的同事拉尼·萨赫德夫（Rani Sachdev）尤为擅长各种疑难杂症的诊断，哪怕你只给她一点线索，她都会一查到底，不搞清楚决不罢休。我已记不清有多少个周二的早上，我上班后一打开电脑，就看到拉尼半夜发来的邮件，附有好几篇期刊文章和熟悉的两句话："艾德，我在琢磨你昨天在总结会上提的那个病人，我想会不会是（某综合征）。你可以读一下这几篇文章，看看我的判断对不对。"

即使那间会议室里有那么多专家、各种各样的教科书、数据库、网络资源……直到最近，我们的疾病诊断率还是不尽如人意。所以如果你认为你的病人患有某种疾病，但你无从下手，而你的同事也没有头绪（甚至包括拉尼），那么大概只能寄希望于畸形学俱乐部了。

这无疑是世界上最奇怪的俱乐部之一。你不能申请成为会员，但只有会员才能参与俱乐部活动。你也不能随便退出，不过参加活动是自愿，而且是一大幸事，如果你不想参加，随时都可以选择不来。俱乐部的成员们一年见两次面。它的规则很少。简言之，如果你带来了一个未知（你希望得到大家诊断的病人的照片），你也要带一个已知（你已经做出诊断的病人的照片，如果他患的是一种罕见、鲜为人知的综合征就最好不过了）。最重要的一点是，要尊重那些虽不在场，却对俱乐部至关重要的人

[①] 我印象中只有一两次例外，即便如此，我都会永远铭记和珍惜这些可贵的经历。

的隐私：我们的病人及他们的家人。

俱乐部的活动安排始终如一。我们每年都会在澳大利亚人类遗传学学会的年会上见一次面，再在澳大利亚某地召开的其他会议上见一次面，与会者都是临床遗传学家和临床遗传学实习医生。除此之外的时间里，我们不会见面。虽说俱乐部严格规定每位与会者只能展示两位病人，不过，鉴于实习生也有发言机会，你或许可以偷偷把你想分享的其他病例交给你的实习生。会上的时间非常紧迫，如何做到言简意赅也是一门技巧。你需要总结病人家族史、病史、各项检查结果以及之前研究进展的关键信息，并展示相关照片，所有这些都要先征得病人本人或其家属的同意。展示的目的是把你已知的信息分享给你的同事，并为你的病人寻求诊断的线索。不同于科室里召开的总结研讨会，在俱乐部的会议上你收获的不是同行们提的几个意见那么简单，而是领域的顶尖专家们，其中通常还包括一位来访的国际专家，他们带来对病例的真知灼见。这真是一个不可多得的俱乐部。

这些就是当时我为黛安诊断时可以利用的工具。然而，我最后做出诊断时用的却是一套完全不同的工具：懒惰，还有运气。

在还没有数码摄影之前，我们都会带两台相机出门诊——一台宝丽来傻瓜相机和一台普通相机。前者用来拍每周总结会上分享的照片，后者则是为了拍用于病人档案的更高质量的照片。我们至少一周要去一趟照相馆，把成卷的胶卷送去冲洗。照片洗出来后会统一送回，分发给相应的遗传学家或实习生，他们会妥善保管。

如果那位遗传学家比较懒或者爱拖延，他就会将照片置之一旁，等哪天想起来了再处理。就这样，黛安的照片被放在一沓文件上，照片里的她对着我微笑，这一放……就是好几个月。如果你每天多次看同一个人的照片，这么看上几个月，他们的长相就会刻在你的脑海里，正是这一点帮了我，也帮了黛安。

一天，我来到存放着我们订阅的各种遗传学期刊的房间，去找一篇内容与遗传学完全不搭边的文章。当时我正在翻阅相关的《美国医学遗传学杂志》，突然间，我看到了"黛安"。文章里的孩子看起来就像她的双胞胎！我兴奋地读了这篇文章，它描述的是一种后来被称为 Cantú 综合征的疾病。患儿早产，体重却超过他们出生时的孕周。他们毛发浓密，心脏很大，通常伴有动脉导管未闭，面容也十分独特。这与黛安的情况完全吻合。我确信无疑，这就是答案。

在下一次畸形学俱乐部的会议上，我展示了黛安的照片，信心满满地以为自己会难倒在场的同行们。[1] 在医学文献中，关于 Cantú 综合征的记载寥寥无几，这个名称甚至还没有完全确定下来。令我惊讶的是，从房间后方传来了一个声音，来自新西兰的斯蒂芬·罗伯逊（Stephen Robertson）说出了正确的诊断。他最近刚给他的一个病人做了同样的诊断，使用的是更为传统的诊断方法，而不是像我这样"歪打正着"。于是，我和斯蒂芬一起写了一篇论文，描述我们的病人。

这个诊断对黛安和她的家人意味着什么？一开始，可能没有你想的那么多，因为当时被描述患有这种综合征的孩子少之又少。可以说，我们从黛安和其他孩子身上学到的东西，比他们家人从我们身上了解到的要多得多。我们的文章发表后，有四篇不同的科学论文都将黛安作为重点分析病例。不过，我们还是可以给她父母一些有用的信息。黛安的发育有些迟缓，特别是学坐、学走路都很慢。我们已经知道，这是 Cantú 综合征患儿表现出的常见症状，但起码其中一些儿童之后可以正常发育，智力也正常[2]。这意味着我们可以为黛安的未来抱一些希望。

刚被诊断出患有某种综合征的孩子，父母通常都想知道是什么导致了这种问题，以及如果他们再多要几个孩子，这种情况是否会再次发生。人们曾一直认为 Cantú 综合征是一种常染色体隐性遗传病：父母双方都必须是携带者，患儿未来的兄弟姐妹也有四分之一的概率会患上这种病。我和史蒂夫一起写那篇论文的时候，我们阅读了关于这种综合征的所有医学文献——这并不难，因为算上我们这篇，总共也才 6 篇文章。此前，

---

[1] 好吧……参加畸形学俱乐部确实还有第三个目的——炫耀。

[2] 之后，我们才知道大多数 Cantú 综合征患者的智力都正常。我曾见过一位患 Cantú 综合征的医生以及一位患有这种病的心理学家。现在，我们知道智力障碍只是个别情况，并不普遍存在。

只有 12 人被描述过患有这种病。Cantú 综合征之所以一度被认为是一种隐性疾病，是因为描述该综合征的第一篇论文中，一对健康的父母生下了两个患病的孩子。在另一个家庭中，患病孩子的父母是表兄妹——预示可能是隐性遗传病，因为我们与亲戚的基因相似度很高（因而拥有相同缺陷基因的可能性也更高）。

到 1997 年，Cantú 和他的团队表示他们不确定这是不是一种常染色体隐性遗传病，因为还没有看到更多不止一个患病孩子的家庭。我们在 1998 年写那篇论文的时候，我数了数已知 Cantú 综合征患儿的兄弟姐妹，一共 39 人，其中只有 1 人——第一篇论文里提到的——也患有这种疾病。我们本来预计会有 9 人或 10 人，仅仅 1 人与此相差甚远，可以有力地证明这种病不可能是隐性遗传。现在，我们知道这是一种常染色体显性遗传病——只要两个基因拷贝中的一个发生了突变，就会引发 Cantú 综合征。有时，这种致病基因是从患病的母亲或父亲那里继承来的，而她（他）可能是从父母中的一方那里继承来的。有时，这种突变是在卵子或精子中新产生的，这种卵子和精子结合在一起就形成了患病的孩子。那么，没患病的父母又怎么会生下两个患病的孩子呢？几乎可以肯定，这是由于这些孩子的父母中的一方存在生殖腺嵌合（你应该还记得第五章中的镶嵌性嵌合）。

在黛安首次出现在科学文献之后的 20 年里，Cantú 综合征渐渐为人们所知，它成了国际合作和友谊的佳话，彰显了遗传学家们令人称奇的科学洞察力，关于它的研究也在有条不紊地进行。2006 年，美国遗传学家凯西·格兰奇（Kathy Grange）[1] 得出了一个结论：Cantú 综合征患者与使用米诺地尔进行治疗的患者有很多相似之处。米诺地尔最初用于治疗高血压，现在很少有人把它当成降压药来用，但它仍然很受欢迎（特指乳膏质地的米诺地尔），因为它能促进头发生长，可用于治疗秃顶。凯西不知怎么，就把这种用途越来越模糊不清的药物的副作用和一种遗传病

---

[1] 她在科学出版物和电子邮件中都以多罗西·格兰奇（Dorothy Grange）自称，但她的朋友们都叫她凯西。

联系起来了。

提到电视剧里的天才诊断专家，你会想到谁？豪斯医生①，有可能。或是《实习医生风云》（*Srubs*）中脾气暴躁的佩里·考克斯（Perry Cox），又或是《急诊室的故事》（*ER*）中乔治·克鲁尼（George Clooney）扮演的罗斯博士（Dr. Ross）。总的来说，这些角色都十分自信，而且往往性格古怪，同时，也许除了《实习医生格蕾》（*Grey's Anatomy*）中的几个角色，剩下的几乎都是男性。而凯西——一位说话轻声细语、沉着冷静、热情友善的女子——与这些形象毫不搭边。毫无疑问，她很聪明。

来自荷兰的两个团队与世界各地见过 Cantú 综合征患者的医生合作开展研究，并于 2012 年各自独立发现了一种名为 ABCC9 的基因与 Cantú 综合征之间的联系。②黛安是促成这一发现的患者之一（她在医学上的第三次亮相）。所以他们到底发现了什么？

我们体内的细胞都被一层脂肪膜包裹着。如果你能看到细胞的图画，你就会发现这层膜看起来像一个光滑、完整的表面。事实上，它上面覆盖了一层蛋白质，它们各司其职：有的就像无线电接收器，接收来自身体其他部位的信息；有的把一个细胞与另一个细胞连接在一起（没有它们，你就会分解成一团黏糊糊的东西）；有的则控制着细胞膜两侧多种物质的分布水平——这对你的生存也至关重要。细胞内大部分的生命活动都得益于盐和酸的含量保持在一个既定水平。倘若没有钙、钠和钾的跨膜流动，你的神经和肌肉，包括心脏，就无法正常运转。这种跨膜流动一旦停止，你就会在几秒钟内死亡。哪怕是细胞膜众多不同通道中的一个出现问题，要么不会产生影响，要么就会导致猝死或严重的儿童期

---

① 指同名美剧《豪斯医生》（*House*）中的主人公格雷戈·豪斯医生（Dr. Gregory House）。——译者注

② 这样的事情在科学界时有发生。两个不同研究团队关于同一发现的论文发表在了同一期刊的同一期中也完全不稀奇。这种同时发表有时是巧合，但有时两个团队彼此知道对方的存在，为避免抢了对方的风头，会提前沟通，约定好投稿时间。达成任何此类约定的前提是双方团队的这一发现是同时做出的。

癫痫。

在上述最后一类蛋白质中，有一种蛋白质比较特殊，它是细胞膜上的一个通道，有助于调控钾离子的跨膜运输。这个通道可以打开——让钾离子通过——也可以关闭，这取决于细胞的需要。在 Cantú 综合征患者体内，这一通道始终处于开放状态，使得钾离子不断地、不受控制地跨细胞膜流动。[1] 我们还不能完全理解这与 Cantú 综合征所有症状间的关联——例如，我们只能猜测这为什么会导致头发的过度生长。

事实证明，米诺地尔就是通过让这一通道保持"常开"来发挥作用的，这就造成了与 Cantú 综合征极其相似的状况。凯西·格兰奇的判断完全正确。

诊断的力量是强大的。它提供了答案，也照亮了未来。有了它，就有了预后和治疗方式；有了它，父母在未来孕育孩子的问题上可以做出更为明智的选择。尽管新一代测序技术改变了畸形学家的角色，但他们的作用仍然无可替代——这主要体现在检测的选择上，尤其是在检测结果的解读存在不确定性的时候。无论基因组测序变得多么便宜、快速和便捷，我们仍然需要像拉尼·萨赫德夫或凯西·格兰奇这样了不起的遗传学家，而且有时候，我们找到答案的最佳机会，就是把问题带到畸形学俱乐部去。

---

[1] 反过来，这也可能会抑制受影响组织中正常的电信号。遗传学很简单，但细胞生物学和生理学——身体各个系统协同工作的方式——可能很复杂！

第八章 生娃之道

你需要的就是爱，仅此而已。

——约翰·列侬

有一句口号在那些反对同性婚姻的人中颇为流行："上帝创造了亚当和夏娃，而不是亚当和史蒂夫。"现如今，全世界越来越多的亚当和史蒂夫可以结婚了。他们甚至可以拥有孩子，只不过卵子的获得和胎儿的孕育都需要他人帮助才行。我们离造出人造子宫还差得很远，但亚当和史蒂夫可以在没有卵子捐献者的情况下，拥有真正意义上的亲生孩子吗？同样的，安娜和伊芙不需要精子捐赠者，也可以拥有自己的孩子吗？

这个问题的答案可能很快就会是"可以"。

这个问题还可以换一个问法：亚当可以产生卵子吗？伊芙可以产生精子吗？

这就引出了另一个问题：到底什么是卵子和精子？我们能够在没有卵巢和睾丸的情况下制造它们吗？令人惊讶的是，这一问题的部分答案，隐藏在一个在死亡边缘徘徊的小男孩身上。

那个小男孩叫詹姆斯，在刚满 3 岁后的某一天，他身上所有的肌肉细胞突然崩溃了。

他曾经是一个健康、快乐的孩子，活泼好动，是个小探险家。和其他孩子一样，他偶尔也会感冒，也会有这样那样的不舒服，但都是再正常不过的那种。直到有一天，他感染了一种病毒，这种病毒对他身体的影响比以往的病毒要稍微大一些，并且让一个一直存在于他体内，但不曾显露的问题暴露了出来。某天早上，詹姆斯醒来时脾气变得暴躁，还不时抱怨自己腿疼，之后就晕倒了。他妈妈叫了救护车，把他及时送到了医院。

你的肌肉中含有一种叫作肌酸激酶（creatine kinase）的酶，简称

CK。肌酸激酶是一种很重要的酶，但对这个故事来说，它的作用并不重要——你只须知道肌肉细胞含有大量的肌酸激酶，当它们死亡时，肌酸激酶就会被释放到血液中。肌肉细胞一直处于更新换代之中，所以你的血液中总会有一些肌酸激酶。正常情况下，它在血液中的含量为每升不到 200 个单位——如果你刚跑完马拉松的话会更多，但通常不会多太多。我第一次听说詹姆斯，还是从看护他的重症医学科医生那里，他当时正惊叹于詹姆斯血液中检出的肌酸激酶含量——"500 000！这绝对是一项世界纪录了！"他认为这肯定由遗传导致，这就是为什么我会在那里。

不管是不是世界纪录，这对詹姆斯来说都是个坏消息。

事实证明，詹姆斯得的确实是一种遗传病——他有两个变异的 LPIN1 基因拷贝，而这种基因对保持肌肉细胞内部结构的稳定和强健至关重要。没有它，他的肌肉细胞就脆弱无比，只须轻轻一"推"——例如，通常情况下十分轻微的感染——就会让它们分崩离析。感染同样的病毒，你也许只会流鼻涕、感到有些酸痛，但对詹姆斯可能致命。

当细胞死亡时，其他物质就会进入血液。有时，这种影响可能是致命的。细胞富含钾元素，但血液中钾元素过多会导致心脏停止跳动。詹姆斯死里逃生，但他仍然岌岌可危。他的肌肉坚硬无比，就像包裹在橡胶里的木头。我们担心他可能患有筋膜间室综合征（compartment syndrome），即肿胀的肌肉被困在筋膜室内，导致筋膜室内压力升高，阻断自身的血液供应，不及时处理就会导致肌肉完全坏死。外科医生决定做手术检查，如果必要的话，也可以借此释放他腿部肌肉的压力。但切开之后，他们又将刀口缝合了，确认动手术毫无意义。他的肌肉看起来很可怕——苍白、毫无血色，救活的希望非常渺茫。

没有肌肉，你就不能走路，不能运动手臂和手，也不能呼吸。詹姆斯完全瘫痪了，我们大多数人都认为他不会恢复了。团队中只有一位医生对詹姆斯的康复持乐观态度——他的神经科医生。他长期深耕神经肌肉疾病领域，经验颇丰。他对我们以及詹姆斯的父母说，他认为我们完全有理由保持乐观，詹姆斯可以完全康复。这在当时的我看来难以置信，也让我对这位前辈非常不满，觉得他给了那对父母虚假的希望。

但六个月后，奇迹发生了。詹姆斯走进我的诊室，看上去就像从未生过病一样。

这怎么可能呢？原来，虽然他的每一块肌肉里都有很多细胞坏死了，但还是有一些顽强存活了下来。这些"幸存者"中有一种特别的细胞。

干细胞。

精子是相对简单的生物。它们是一颗颗小型导弹，只携带命中目标所必需的最基本的东西。精子的头部是有效载荷——一半的男性基因组（只有在这个时候它才是潜在的"父亲"）。它的中部充满了线粒体，这就是它的动力装置。它还有个尾巴，一个在动力装置驱动下不停摆动的发动机。精子有且只有一个任务：将有效载荷运至目标。一个男性射精时，通常会释放出数以亿计的精子。大多数时候，没有等待它们的卵细胞，它们就死去了，抱憾而亡，无人知晓。哪怕只有一个卵子，在这数百万颗精子中也只有一个能使其受精。一个男性一生中可能产生5 000亿个精子，只有一两个完成了它的使命。如果你是自然受孕而生下的孩子，组成你一半DNA的精子是克服了重重挑战才脱颖而出的赢家。组成你的父母、他们的父母，以及所有人一半DNA的精子也是如此。如果夜晚躺在床上的你，脑子里想的都是自己到底有没有什么特别之处，思来想去，辗转难眠，你不妨这么想：一长串非常幸运的精子走过了跨越数百万年的时光之旅，才有了那个最终组成你的精子。当然，它们个个都是游泳健将，更重要的是它们非常幸运。精子无法到达卵子或无法使卵子受精的原因不计其数。形成你的那个精子可谓突破了万难，才有了你的存在。你是个特别的存在，这点毫无疑问。

一旦这个从数千亿精子中脱颖而出的神奇精子准确命中了目标，它的使命就完成了。它会被卵子吞噬，头部装载的DNA会被卵子一并收集，精子线粒体中的DNA也被猎杀——万事俱备，只欠东风。

要理解一个卵子到底有多了不起，首先你要知道肌肉细胞和肝细胞之间的区别。肌肉细胞擅长强有力地收缩，肝细胞却从来没有想过做这样的事情——它擅长清除血液中的毒素，制造血液所需的蛋白质，正因为如此，在你流血时伤口处的血液才能凝固。两种细胞有着完全相同的

DNA，但它们使用 DNA 的方式截然不同。

你可以把基因组想象成一个装满电子元件的盒子，所有元件都连接到一个巨大的电路板上。这里有制造电视所需的一切，制造吹风机所需的一切，制造微波炉所需的一切，等等。据说，人体内有 200 余种细胞，但我们有理由相信可能还不止这些——例如，你肘部的皮肤细胞和鼻尖的皮肤细胞之间可能有重要的区别。我们先假设只有 200 种。这意味着细胞核内的组件盒里有制造 200 种不同电子产品所需的一切配件。其中一些东西几乎制造每一种电子设备都会用到（例如，一种从插座获取电力的方法），这样的东西还有很多。与此类似，有一些组件每个细胞都需要，比如用于处理受损蛋白质的工具箱。另一方面，只有你的冰箱需要压缩机，就像你的胰腺中只有一组特定的细胞需要产生胰岛素一样。

假设我们的电气箱已经设置好了，你可以选择操控开关来决定是否使用其中的任何一个组件，让我们假设它们连接的顺序并不重要。这意味着，通过选择启用哪些组件，盒子可以有多种用途。同样的盒子可以用作电脑、打印机、电动搅拌机或带锯。细胞中也差不多是这样。每个细胞都有完全相同的 23 000 个基因，但每种细胞中只有一组特定的基因被激活——其余的几乎永久沉寂着。每个细胞中都有一组被激活的基因，被称为"管家基因"；有一些（但不是所有）基因多种细胞类型都需要；还有一些基因，比如胰岛素基因，只针对一种细胞。

卵子的特别之处在于它的潜力。一个受精卵可以——而且必须——产生所有其他类型的细胞，包括终将成为下一代的卵子或精子。我喜欢把卵子想象成一个蕴藏能量、潜力无穷的细胞，它和它所有的子细胞在经历最初几次的细胞分裂后，就是最终的干细胞。它们是全能的（它们真的"无所不能"），也就是说，这些细胞是尚未定型的细胞，可以分化成数以百计甚至千计的人体所需的任何细胞类型——还可以形成胎盘，为未出世的胎儿提供必要支持和营养，直到它做好了来到这个世界的准备。干细胞形成后再经历几次分裂，就会形成多能干细胞（pluripotent stem cell），它们强就强在具有"多种功能"（它们唯一不能形成的是胎盘）。同卵双胞胎的存在就证明了多能干细胞的力量——如果由于某种原因发育早期的胚胎分裂成了两个，你就能一下子拥有两个孩子。

然而，随着胚胎的发育，细胞开始沿着各自不同的道路发展，目标越来越明确，直到它们中的大多数最终定型（有点像不断进化的宠物小精灵）。一旦肝细胞真正变为肝细胞，它就永远是肝细胞。形成该类型细胞所需的特定基因的开关也被"焊接"到位。电视机将永远只是电视机，搅拌机永远也不可能下载电子书。

除了那些没有沿着这条路一直走下去的细胞。在你身体的每一个部位，都有这样的细胞。他们中的大多数处于待命状态，随时准备修复损伤——正是这些细胞拯救了詹姆斯，让他的肌肉重获新生。[1] 有些细胞非常活跃，比如那些生活在你的骨髓里、忙着制造新血细胞的细胞，或是那些补充肠道细胞的细胞——肠道细胞很容易被肠道分泌物侵蚀，需要频繁更新换代。另一些细胞似乎无所事事了很长时间，随时等待被身体"召唤"。

干细胞其实也可以或多或少地分化。成血细胞（haemocytoblast）可以变成任何一种血细胞。如果它决定成为成巨核细胞（megakaryoblast），它仍然是一个干细胞，但能制造的只有巨核细胞（megakaryocytes）。这些奇怪的细胞就是制造血小板（platelets）的细胞，血小板是在你的血液中循环，等待机会帮忙凝血的微小细胞碎片。巨核细胞——不像它们制造的血小板——体积庞大，有巨大的细胞核，还有额外的染色体组。巨核细胞形成过程中，染色体不断加倍再加倍，最终，它们的染色体数量可以达到普通细胞的 32 倍之多。顺便说一句，我们不知道它们为什么这么做。

所以，干细胞是一种极具灵活性、可以分化成其他任何细胞的细胞。不幸的是，干细胞的作用有限。通常，组织的损伤会导致疤痕的产生，而不是被干细胞修复。尽管如此，还是有很多人对这种细胞感兴趣，认为它们可以起到修复受损组织的作用，例如在心脏病发作之后修复损伤

---

[1] 肌肉中的干细胞叫作卫星细胞（satellite cell）。肌肉损伤时，它们就会分裂增殖，其中一部分子细胞仍会以卫星细胞的形式存在，以备不时之需，其余子细胞则会与受损的成熟肌细胞融合，对肌纤维进行修复。

的心肌细胞。从我们遗传学的角度而言，重要的是干细胞具有的这种灵活性，而受精卵就是终极干细胞，有能力且准备好变成其他任何类型的细胞。

对亚当和史蒂夫来说，我们不需要亚当来制造一枚受精卵，毕竟我们可以从史蒂夫那里获得精子。但我们确实需要"说服"一个已经选择了一条既定道路的细胞改变它的想法，首先成熟为卵子的前体，之后成为真正的卵子。制造卵子是一个复杂的过程，但是，如果我们可以"说服"任何一种细胞变成另一种细胞，那它没有理由不能变成一个卵子。

我们能"说服"它们吗？原则上完全可以。

我的博士导师理查德·哈维（Richard Harvey）教授是一位著名的生物学家，专攻心脏发育方式的研究。理查德的实验室使用各种不同的方法来了解心脏及其所有结构形成的复杂过程。有一次，我在参观实验室时，理查德示意我来到显微镜前，问我想不想看一些很酷的东西。这个问题只有一个答案……而他似乎说得很明白了。透过显微镜，我看到了一个长满了细胞团的载玻片。这些细胞有节奏地跳动着。这些是心脏类器官——被成功"洗脑"，自以为是心脏的细胞团块，它们的行为就像真的心脏一样，准确、有节奏地跳动着。它们是由干细胞改造而成的，因为哈维和他的同事向干细胞传达了这样的信息：你将成为心脏的一部分。

更酷的是，理查德的实验室已经开始尝试用成熟的皮肤细胞来制造干细胞。换句话说，把成熟、完全定型的成年细胞重新改造成干细胞已成为可能。这样得到的细胞被称为诱导多能干细胞（induced pluripotent stem cells, iPSCs）。这听起来有点拗口，它的意思是，已定型的细胞被化学"说服"而"穿越"回了可以分化成任何一种细胞的时期。

你能用同样的方法将皮肤细胞转化为卵子吗？至少在理论上完全可行。事实上，研究人员在利用干细胞制造精子（这更容易）方面已经取得了很大进展。尝试这种方法的原因是它也许可以治疗不育症。一旦用男性皮肤细胞制造精子成为可能，用女性的细胞制造精子应该也不会太难。最终，利用皮肤细胞制造卵子可能成为现实，虽然制造卵子要困难得多。看来安娜和伊芙可能是最早尝试这项技术的人。技术上的挑战只是挑战，毫无疑问可以被克服。

然而，利用女性细胞制造精子或利用男性细胞制造卵子很可能会招致反对的声音。从实践的角度来看，很难确保这种操作的安全性。由这种人造卵子或精子形成的胚胎能发育成健康的婴儿吗？谁知道呢？不尝试就无法检验它的安全性和有效性，而且即使在动物身上安全有效，也没人能保证用在人类身上也一样。另一方面，按我们以往的经验，一旦这种技术有可能成功，肯定就有人在某个地方放手一搏。

让我们先暂且不谈亚当和史蒂夫，想象一对计划要孩子的异性夫妇。约翰和简对他们未来的孩子可谓寄予了厚望。当然，他们首先希望他（她）是个健康的宝宝，但他们的期望可能不止于此。简是一名运动健将，希望自己的孩子将来能成为一名奥林匹克运动员。约翰在艰苦的家庭环境中长大，因而希望孩子是个富有同情心、心地善良的人。他们知道聪明和富有魅力都是可以加分的闪光点，所以当然也希望小奥斯卡或小苏菲也能拥有这些。

他们能选择吗？如果可以的话，他们应该这么做吗？

遗传病的诊断之所以特别，因为它不仅可以在一个人出生之前进行（产前诊断），而且可以在胚胎被植入母亲的子宫之前进行，即植入前基因检测。植入前基因检测不仅适用于线粒体疾病，还可以用于检测一小团没有显微镜甚至都看不到的细胞，据此我们可以判断：如果这枚胚胎发育成人，有一天他（她）会患上亨廷顿病（或数千种遗传病中的任何一种）。

植入前基因检测需要在体外受精的基础上进行，后者的目的是获得尽可能多的胚胎（这也是体外受精用于治疗不孕不育时要达到的目的）。胚胎形成后不会马上被送去做植入前基因检测，而是先生长发育几天，直到形成一个小细胞团。接下来的这一步极为关键，医生会小心翼翼地吸取出一些细胞，然后对从中提取的 DNA 进行某种遗传病的基因检测。之后，选择一枚不携带该致病基因的健康胚胎植入母体子宫内。这样，父母从一开始就可以确定他们的孩子不会患上这种遗传病。

我们只会为家系中存在某种已知的单基因遗传病的夫妇做植入前基

因检测。即便如此，每每论及植入前基因检测，很多人还是会联想到"设计婴儿"。从大多数国家开展这项检测的方式来看，这显然一派胡言，但也不难理解这种想法从何而来。如果你可以选择避免一个坏结果，如致命的遗传病，那你是不是也可以让你未来的孩子拥有一些你渴望的闪光点呢？不管是聪慧、美丽、个子高，还是擅长运动。

关于这一问题的答案，最接近"是"的情况，应该是利用这项技术选择孩子的性别。在一些国家，男孩比女孩更受青睐，那些想生男孩、经济能力也尚可的人，有时就会利用植入前基因检测技术实现这一目的。这似乎已经在世界各地广泛实施。但在一些国家，这种做法是被禁止的，即使是像澳大利亚这样父母对未来孩子的性别没有明显偏向的国家，使用植入前基因检测来达到"平衡家庭"的目的也是不允许的，甚至被明令禁止，原因我百思不得其解。假如你有两个儿子，希望第三个孩子是个女孩，这个决定不管对这个女孩还是对她的哥哥们，都不会造成什么伤害，对整个社会也是如此。那她属于"设计婴儿"吗？可能只是最广义上的吧。正如我们将在第九章中看到的，像身高和智力这样的特征的遗传方式决定了我们不可能从现有的胚胎中挑选出"最好的"那个胚胎。退一万步说，就算我们可以，我们也没有"设计"这个婴儿，因为即使我们没有通过植入前基因检测技术选择它，它的父母也完全能够以自然受孕的形式怀上这个孩子。

所以，如果你无法选择你喜欢的胚胎，你能"制造"一枚合适的胚胎吗？答案是肯定的。精灵已经从神灯里出来了，但这个小东西好像不是那么靠谱。

精灵："戴夫，你可以许一个愿望。好好想想怎么用哦！"

戴夫："我希望我现在很富有（rich）。"

精灵："你现在已经是里奇（Rich）啦！玩得开心！"

里奇："喂，等等……"

修改生物的基因早已成为可能。我们所说的"制造一只老鼠"或"制造一只苍蝇"（或一条鱼、一条蠕虫）就是为了研究某个特定基因功能的改变会产生什么影响。这可能包括敲除一个基因，使其完全不起作用，或者在一个基因中添加一个特定的突变，或只是添加额外的拷贝。你可以将一种生物的基因植入另一种生物，一个有名的例子是将能使某些水母发光的基因植入其他动物的基因中，当你用适当的光线照射以此得到的一只兔子，你就会发现它可以发绿光。除了这种派对小把戏，水母的这种蛋白质还有实际利用价值。例如，如果你想知道某个发育中的组织是否需要某种特定蛋白质，你可以把水母的蛋白质和你感兴趣的基因拼接在一起，然后看看胚胎的哪些部位会发出绿色的光。循着绿光，你就能准确找到感兴趣的蛋白质了。

转基因生物有重要的经济意义——其中主要是各种农作物，还有很多转基因动物可能很快成为你的盘中餐，如果它们还没有的话。你能修改人类的基因吗？当然可以，哺乳动物之间都是相通的。但是你会制造出什么样的基因改造人（genetically modified human, GMH）呢？

一种选择可能是创造一个肌肉发达的基因改造人。有一种基因负责编码一种叫肌肉生长抑制蛋白（myostatin）的蛋白质，相当于肌肉生长的"开关"。有的人渴望自己拥有 20 世纪 70 年代的阿诺德·施瓦辛格那样发达的肌肉，但从进化的角度来看，适当控制肌肉的生长也有好处。增肌需要营养，拥有了肌肉，你就需要吃更多的食物才能维持住它们的形态。所谓限制肌肉生长，其实就是一种资源管理：充足的肌肉可以保证效率，但太多也是问题。如果资源不是问题的话……有一种牛叫比利时蓝牛（the Belgian Blue），这种牛的肌肉生长抑制蛋白有缺陷，因而肌肉壮硕。如果你打算吃肉的话，这绝对是个优势（虽然对牛来说不是）。除此之外，它的一身肌肉真的有用吗？

据报道，至少有一个人体内缺乏这种肌肉生长抑制蛋白。他最后一次被报道是在 14 年前，那时只有 4 岁的他肌肉发达，强健有力。现在他大概是个肌肉发达、强健有力的小伙子了吧。你可能会问，这有什么问题吗？让我们行动起来，组建一支奥运举重大军吧！

其实这可能导致两个问题，都与安全有关。在你修改一个生物基因的过程中，就有可能出现问题。在敲除肌肉生长抑制蛋白基因的过程中，你可能会无意中破坏一些你本不想破坏的东西。你可能会有一个肌肉发达的孩子，但他可能在很小的年纪就会患上肠癌，或者可能生来就患有严重的癫痫。第二个问题是，即使一切进展都很顺利，长远来看，我们并不知道没有这种蛋白会对人产生何种影响。也许他们一生都很健康，但对一个四岁孩子下这样的结论未免为时过早。比利时蓝牛就比普通的牛脆弱——它们在恶劣气候中很难生存，同时也难以生产，生育力比其他品种的牛要低。尽管其中一些问题可能与它们发达的肌肉无关，但我们没有办法知道缺乏肌肉生长抑制蛋白的基因改造人是否会有长期性的健康问题。

或者你憧憬成为篮球运动员。生长激素，顾名思义，就是让你长个儿的激素。体内有更多生长激素的基因改造人是什么样呢？这一问题的答案我们已经知道了。它确实会让人长得很高——非常高——但他们肯定会因此出现其他的健康问题。我们知道这一点，是因为在现实中就有一些人与之十分相像。安德烈·罗西莫夫，外号"巨人安德烈"（他因在电影《公主新娘》中出演巨人菲兹克一角为人熟知），就是这样一个人。他患有一种叫肢端肥大症（acromegaly）的疾病，他的生长激素分泌过量不是遗传导致的，而是肿瘤引起的，但两者产生的影响一样。事实上，罗西莫夫个子很高（224厘米），身体也很强壮，是一名职业摔跤手。但他的这种体形和力量也给他带来了严重影响，改变了他的面部特征，也引发了一系列健康问题，最终他在46岁时离开了人世。

2018年底，有消息称贺建奎利用CRISPR技术（一种强大的基因编辑工具）重新编辑了两个婴儿的基因，以达到让他们天然抵抗艾滋病的目的。后来，据透露，第三个基因编辑婴儿也出生了。贺建奎表示，他的目标是为CCR5基因引入一种突变，因为这种基因编码存在于一些白细胞表面的某种蛋白质，而艾滋病病毒就利用这种蛋白质侵入并感染这些细胞。贺建奎试图引入的这种突变在欧洲人身上相当普遍，但亚洲人不携带这种突变；携带两个这种突变CCR5蛋白的人（约占欧洲人的1%）对艾滋病病毒感染具有抵抗力。

那两对夫妇之所以被贺建奎选中，因为他们有一个共同点——父亲患有艾滋病。从表面上看，贺建奎这一研究似乎是合乎情理的：他希这些夫妇的孩子不会感染父亲的艾滋病，完全是出于医学动机。事实上，他的这一研究在医学上完全站不住脚：那时已经有了精子清洗技术，意味着艾滋病病毒阳性的男性也可以生出一个艾滋病感染风险极低的孩子。既然如此，何必大费周折地改造孩子的 DNA 来进一步降低本就很低的风险呢？贺建奎本人在 2018 年 11 月接受采访时表示，他的目标是让这些婴儿今后都免受艾滋病毒的侵害。那么，当初招募艾滋病病毒阳性父亲的意义何在？你的猜测和我一样：他似乎无法提供任何合乎逻辑的解释。

后来证实，尽管他成功改造了婴儿的 CCR5 基因，但没能引入那种在欧洲人身上发现的特定突变，这意味着我们无法确定这些婴儿能否抵抗艾滋病病毒——特别是这些改变似乎只影响了婴儿体内的一部分细胞，也就是说，这些婴儿是镶嵌体。此外，如果他们 CCR5 基因的功能因此受到损害，也可能对他们产生不利影响，例如，就算可以抵抗艾滋病病毒，他们也可能更容易感染一些其他病毒。目前，我们还不清楚基因编辑到底是帮了这三名婴儿，还是造成了伤害，而且这还是在假设 CCR5 基因是唯一被修改的基因的前提下。

你觉得贺建奎的这一研究有悖伦理道德吗？当时，中国政府是这样认为的，并对贺建奎展开了调查，结果表明他的这一研究并没有获得相关伦理许可。2019 年，他被判处有期徒刑三年，并被处以高额罚款。

这并不意味着任何胚胎 DNA 改造在医学上都是站不住脚的。如果某一家系中存在某种遗传病，几乎都可以通过植入前基因检测技术选择不携带该遗传病致病基因的胚胎来避免子代患病的情况。不过在有些情况下，这种方法不一定有用。例如，父母双方都患有同一种常染色体隐性遗传病（也许他们就是在某遗传病专科门诊的等候区相遇的），二人都携带两个这种致病基因的拷贝，换言之，二人都没有正常的拷贝。这意味着他们孕育的每一枚胚胎都会继承这种致病基因，自然也就没有健康的胚胎可供植入前基因检测选择。目前，如果她们想要一个健康的孩子，就必须考虑领养，或者使用捐赠者的卵子或精子。基因编辑可以为他们打开一扇门，让他们拥有自己孕育的、健康的孩子。这样的基因编辑真的难以接受吗？可能经过充分周密的准备工作（也许需要数年时间），未来的某一天它会成为一种常规医疗手段。

话虽如此，还是有很多人认为，安全问题并不是反对"主动改造人类基因"的唯一理由，特别是这种人为改造还会遗传给被改造者的下一代。也有人说这是在扮演上帝，违背自然，或者是一个道德雷区。无论你接受与否，有意改造胚胎以创造一个"改良人"，可能引发的关于安全性的隐忧远比我们想象的复杂，这点毫无疑问，因为操作过程的安全仅仅只是一方面，你的这种改造究竟会产生什么样的影响，谁也没有答案。只有不择手段的人才会冒这种风险。

当然，这意味着，已经有某个人在某个地方这么做了。世界的某个角落肯定有一个基因编辑的超级婴儿。为了她，也为了她未来表兄弟姐妹的安全，我真的希望是我多虑了。

第九章 复杂性

20世纪初，我们就已经意识到，尽管从化学的角度来看你我与一杯羹基本无异，但我们能做到羹无法完成的很多复杂甚至有趣的事情。

——菲利普·纳尔逊[①]

[①] 菲利普·纳尔逊（Philip Nelson），美国生物学家，宾夕法尼亚大学生物物理学教授，著有《生物物理学：能量、信息、生命》等教材。——译者注

　　说到安全性……沙利度胺（thalidomide），又称"反应停"，是一种非常有用的药物。通过抑制血管生长，它可以有效地治疗一种常见、严重的麻风病并发症，以及一种叫多发性骨髓瘤（multiple myeloma, MM）的癌症，对某些炎症也有疗效。但不幸的是（从结果上看），它也是治疗恶心的良药，还可以当安眠药使用，并且不会让人上瘾。这一药物刚问世时的一大卖点就是不会让人上瘾，因为当时巴比妥酸盐（barbiturates）的使用非常广泛，这种药物一旦误服过量就可能导致死亡[①]，而且极易让人上瘾。相较之下，你可以吞下一把沙利度胺药片仍安然无恙——绝佳的营销角度。

　　该药的广告也特别强调了它的安全性：1961 年《英国医学杂志》（*British Medical Journal*）上的一则广告宣称该药"非常有效……而且非常安全"。其中一则广告是一个蹒跚学步的孩子手里握着打开的药瓶，传递的信息很明确：如果瓶子里装的是巴比妥酸盐，这个蹒跚学步的孩子将岌岌可危。幸运的是，瓶子里装的是好用又安全的沙利度胺。[②]

　　事实上，这种药物几乎没有经过任何安全性测试。在沙利度胺问世几年后，人们发现它可能导致神经损伤和慢性肢体疼痛。然后，在 1961

---

① 故意服用过量也可能导致死亡——因此丧命的人不计其数，玛丽莲·梦露只是其中之一。

② 现代压旋式儿童安全盖是英国国际工具公司创始人彼得·赫奇威克（Peter Hedgewick）和加拿大儿科医生亨利·布劳尔特（Henri Breault）于 1967 年共同开发的。当时，身为儿科医生的布劳尔特接诊了太多因误服药物而中毒入院的孩子，下定决心要阻止此类悲剧发生。这种瓶盖一经问世，就在加拿大安大略省流行起来。不过，尽管这一发明有着显著优点，它在世界其他地区的普及还是花了数年时间。

年末，第一批关于这种药物对新生儿产生损害的报告开始慢慢出现。大多数国家几乎立即将这种药物从市场上召回。

但这一切都来得太晚了，一场前所未有的医疗灾难已覆水难收。从20世纪50年代末开始，沙利度胺的止吐作用使其成为一种治疗妊娠期晨吐的良药。结果，成千上万的孩子生来就有身体畸形，更甚者会出现严重的肢体残缺——出生时没有手或胳膊，或四肢所剩无几，甚至完全缺失。除此之外，先天性心脏病、肾脏畸形等其他问题也十分常见。很多这样的婴儿未能活过婴儿期，还有很多孕妇因药物副作用流产。

在大多数发达国家深受其害之时，美国几乎完全幸免于这场沙利度胺引发的灾难。这都要归功于一位当时在美国食品药物监督管理局（the Food and Drug Administration, FDA）工作的医生，是她在该药物被大量引进到世界各国之时坚持了自己的判断，让无数美国母亲和孩子幸免于难，她便是弗朗西丝·凯尔西博士。当时，凯尔西审查了药品制造商提供的安全性数据，但她觉得这些研究数据并不具有说服力。该公司向食品药物监督管理局提交了六次这种药物的上市申请，但六次均被凯尔西博士拒绝，这一举动拯救了成千上万名儿童。

凯尔西是一位了不起的女性。她1914年出生于加拿大 [1]，于1935年获得麦吉尔大学药理学硕士学位。之后，她申请前往芝加哥大学新成立的药理学系担任科研助理，芝加哥大学不仅通过了她的申请，还为她提供了一份奖学金，支持她继续攻读博士学位。收到录用通知的凯尔西欣喜不已，但发现收信人一栏写的是"凯尔西先生"，看来对方把她的名字和"弗朗西斯"（Francis）搞混了 [2]。她询问自己在麦吉尔大学的导师，是否应该发一封电报解释这一点，导师给她的答复是大可不必，建议她接受这个职位，回信时在名字后面加上"女士"。2001年，凯尔西在接受《食品药物监督管理局消费者杂志》（FDA Consumer）[3] 采访时说道："时至今

---

[1] 加拿大人似乎对药品安全事业做出了特别的贡献。

[2] 凯尔西的名字"Frances"是女子名，译为"弗朗西丝"，而"弗朗西斯"（Francis）是男子名。——译者注

[3] 像你一样，我也总会在床头放上一摞这样的杂志。

日，我都不知道如果我的名字是伊丽莎白或玛丽·简，我是否还能被录用，对于这个问题，盖林教授（凯尔西在芝加哥大学的导师）直到去世都没有给我一个答复。"

凯尔西对医学的第一个重大贡献是师从盖林时做出的。当时，盖林应食品药物监督管理局的要求，调查一系列由一种新型对氨基苯磺酰胺（sulphanilamide，简称磺胺）类药剂引发的死亡病例。磺胺类药物是一类人工合成的抗菌药，不同于以往的片状磺胺制剂，导致此次事故的是一种名为磺胺酏（Elixir Sulfanilamide）的糖浆制剂（与片状制剂相比更易入口）。协助调查的凯尔西发现，罪魁祸首是制备这种糖浆所使用的溶剂——二甘醇（diethylene glycol）[①]。这是一种有毒溶剂，但有着香甜的口感。这种以口感香甜、抗感染为卖点的糖浆制剂一上市就备受青睐。同时，因为这种新型药物事先没有经过安全性检测，导致 107 人死亡，其中很多是儿童。这场灾难给凯尔西带来了很大冲击，无疑也塑造了她对药品安全性检测重要性的认识。如你所想，它对整个国家也产生了类似的影响，并直接推动了药品检测立法进程——1938 年，美国通过了《联邦食品、药品和化妆品法案》（Federal Food, Drug, and Cosmetic Act），这项法案对药品安全的监管产生了深远持久的影响。此后，制药公司在新药上市前必须按该法案出示药物安全性的证据，并注明可能存在的风险。尽管这一举措现在看来理所当然，但在当时制药业缺乏管制的大背景下，这无疑是向药品监管迈出的关键一步。与此同时，美国作为世界药品研发中心以及在销售市场的重要地位，这一法案的通过意味着对世界其他国家药品安全的监管也会产生深远影响。

1960 年，凯尔西入职食品药物监督管理局，入职后接到的第一项任务便是审批沙利度胺的新药申请。这种药物自 1957 年起在德国投入使用，之后很快风靡全球。当时人们普遍认为它是安全的。食品药物监督管理局之所以将这一申请交由凯尔西负责也有这方面的原因，觉得这种相对简单的

---

① 一种与之类似的化合物乙二醇（ethylene glycol）常被用作汽车散热器的防冻剂，同样具有毒性。

任务对新员工更易上手……对于成千上万的美国儿童来说，他们无疑是幸运的，因为不论从接受的专业训练、积累的丰富经验，还是从对待制药公司提交的证明的严谨态度、面临威胁（该公司为迫使她让步，对她施加了巨大压力）时的不为所动来看，凯尔西都是审批这一新药申请的最佳人选。

这一次，无名英雄的故事没有再次上演，凯尔西获得了她当之无愧的荣誉。1962 年 7 月 15 日，《华盛顿邮报》头版刊登了一篇对她的特别报道，题为《让不良药物远离市场的食品药物监督管理局"女英雄"》。同年，凯尔西获得了时任美国总统约翰·肯尼迪授予的"杰出联邦公民服务总统奖"（President's Award for Distinguished Federal Civilian Service），这是美国政府授予文职雇员的最高荣誉。2000 年，她入选美国国家女性名人堂（National Women's Hall of Fame）。2005 年，90 岁的凯尔西退休了。2010 年，她获得了食品药物监督管理局颁发的首个药品安全卓越贡献奖（Drug Safety Excellence Award），该奖项以她的名字命名，此后每年颁发给一名为药品安全做出突出贡献的食品药物监督管理局职员。2015 年，在被加拿大总督授予加拿大勋章（the Order of Canada）① 后不久，凯尔西在加拿大与世长辞，享年 101 岁。

相比之下……我知道以这种"后见之明"来评判对当事人可能不太公平，但我还是忍不住要提起一封发表在 1961 年 12 月 16 日的《英国医学杂志》上的信，因为它是医学界长期以来抗拒变革传统的一个很好的例子。这封信的作者是保拉·高斯林（Paula Gosling），她在信中严厉批评了召回沙利度胺的决定，之后又表示，如果这一决定是基于大量这种药物导致的神经损伤报告做出的是一回事，但"因为两例未经证实的可能与在孕早期使用沙利度胺有关的神经损伤的报告，就做出这样的决定是极不负责任的"。她甚至说，沙利度胺尝起来、闻起来都没什么味道，因而是一种适用于儿童……还有猫的理想镇静剂！最后，她建议"任何被这些未经证实的报告吓到的医生"可以为"怀孕女性"开其他药物……并总结道，"我们是不是完全丧失了判断事情轻重缓急的能力？"

① 加拿大勋章创立于 1967 年，是加拿大的最高平民荣誉勋章。——译者注

毫无疑问，高斯林没过多久就对自己写的这封信后悔不已①。

如果母亲怀孕期间服用的某种药物会导致婴儿畸形，这种药物就被称为致畸剂（teratogen）。②沙利度胺是已知的作用最为强劲的致畸剂之一——在错误的时间服用了哪怕一片，其后果都可能是毁灭性的。然而……有些母亲在关键的孕早期服用了沙利度胺，这正是胎儿对药物的影响最为敏感的时候，但这些婴儿出生时仍四肢健全、苗壮无比。这种接触沙利度胺后仍毫发无伤的婴儿很可能是少数，但有充分证据表明他们确实存在。这怎么可能呢？

每年，我都会给医学生们上几堂遗传学课。我的初衷是让他们对遗传学在医学中的作用有一个基本认识，带领他们回顾他们很早就应该掌握的遗传学基本原理，同时让他们对这一领域未来的发展方向有一个把握。如果你现在是一名医学生，可以肯定的是，你未来的一些病人会接受基因检测，而如果你要为病人安排这样的检测，对基因检测结果的解读有所了解将会大有裨益。安妮·特纳也曾经给学生上过同样的课，她称之为"一小时遗传学"。在我接手课堂的这些年里，我不断意识到应与时俱进地介绍一些遗传学领域的最新进展，而当我真正备课的时候，就会发现内容太多，于是又开始删减幻灯片。

我总会在课上花些时间为学生解释遗传学的重要性：医学的每一个分支都应被视作遗传学的一个分科。可以说，几乎所有折磨我们人类的疾病，以及疾病以外与我们有关的一切，其核心都是遗传学。

---

① 老实说，我也应该承认自己做过类似的事情。我曾给《自然》杂志写了一封言辞激烈的信。当时，有报道称母亲如果在怀孕时感染了寨卡病毒（zika virus），可能会导致孩子的大脑出现损伤，这些孩子可能一出生就患有小头症，之后还会出现神经系统疾病。我在信中主要表达了对这些报道滥用术语的不满，也指出迄今为止，还没有确凿证据可以表明这些问题是寨卡病毒感染导致的。我这封信发表后不到一周，发表于《新英格兰医学杂志》（*The New England Journal of Medicine*）的一篇论文就证实了这两者间的关系，无懈可击。就这样，在科学界最引人注目的平台之上，我真真切切地体验了一把被"公开处刑"的滋味。

② 不幸的是，这个词源自希腊语中一个意为"怪物"的词。药物只是致畸剂的一种——酒精、母亲的感染（如寨卡病毒感染）等，也可能是导致胎儿畸形的致畸剂。

以创伤为例，你可能并不认为出车祸或挨打是遗传问题，不过别忘了，有一大遗传风险因素的作用十分强大，它被称为 Y 染色体，会直接影响这些意外是否会发生在你身上。在满 12 个月——我们大多数人能够自己起床、四处走动和开始变得淘气的年纪——以后的每一个年龄段，男性都比女性更容易受伤。

你也许想到了一些可能导致这种差异的原因，但最显而易见的罪魁祸首莫过于睾丸激素（testosterone）——攻击性和冲动性会将你置于危险之中，众所周知，睾丸激素对这两者有促进作用。

这很可能是一个影响因素，但事情也许没那么简单——Y 染色体可能还会以其他方式影响行为。当然（尽管我很想把遗传学置于医学宇宙的中心），我们不应该把男性和女性行为的差异仅仅归结于他们与生俱来的生理结构和化学构成的差异，因为除了遗传因素，社会因素也对男性性别角色的塑造有着重要影响。如果你出生在一个鼓励大胆冒险的家庭，在这样的氛围中耳濡目染的你，即使真的成为一个热爱冒险、英勇无畏的人，也没有人会感到惊讶。如果你从小就被灌输"家才是归宿"的观念，安静、被动的追求才最适合你——你可能就会变得淡泊。总的来说，成长环境很可能会对你之后的人生选择产生影响，而且你所做的选择往往是趋利避害的。

抛开 Y 染色体的影响不谈，还有一些遗传因素可能也扮演着重要角色。并非所有的男性都有相同的受伤风险，男性和女性在行为（以及风险）上也有不少相似之处。男性和女性都可能会或多或少地冲动行事；有些男性（以及女性）更喜欢待在家里玩电子游戏，而其他人则青睐出去玩定点跳伞。在某种程度上，同性个体之间的这些差异也与基因有关，但要理解这些差异，并不像指出一条出错的染色体并归结于它那么简单。

简言之，创伤的遗传学是复杂的，它是基因与环境相互作用的结果。但两者并不总是处于平衡状态，有时，环境的影响完全占了上风。假如我们把世上性格最温和安静、最不愿冒险的女性带到伊拉克首都巴格达，她也可能单纯因为运气不好，在逛市场的时候遭遇汽车炸弹爆炸。同样，如果把世上（可能）最无所顾忌、争强好斗的男性带至一个男性被教导放弃使用暴力，他们可能造成伤害的机会也极其有限的环境中（相信你也注意到了，我举不出这样一个环境的好例子，但凡事都是相对的），他可能会存活下来，一生都不会遭受暴力，就这样慢慢老去，最终在睡梦中安详故去。

要想研究和理解这种基因与环境之间的相互作用所产生的影响，最好的方法就是着眼于群体，而非个体。两者的区别与气候和天气间的区别有点类似：我们知道，一般来说，男性更容易经历暴力，正如我们知道夏天通常比秋天更热一样。然而，夏天里的某一天可能格外凉爽，秋天里的某一天可能温暖无比，这不足为奇。这具体的每一天就好比我们每一个人，正如我们无法预测一年后的今天天气如何，即使我们掌握了一个婴儿基因组中的一切信息，我们也永远无法判断他到底会成为一个什么样的人，甚至连他今后可能会出现什么样的健康问题，我们也不得而知。

几乎所有的人类疾病，都与基因有着或多或少的联系。从这本书中描述的那些由单个基因突变或染色体异常引发的遗传病，到中风之类由遗传和环境因素共同作用且涉及多个基因的常见疾病，都是如此。这里所说的涉及多个基因的意思是，中风是多种基因变异共同作用的结果，每一种变异的存在都会让你患中风的可能性增加或降低一分。每一种常见疾病很可能都是由数百甚至数千个这样的基因变异共同作用的结果。对大多数人来说，通常情况下，其中的任何一种变异都影响甚微。如果某种基因变异能让你患中风的风险增加或降低 20%，我们就可以认为这种变异与中风的联系十分密切。一份与中风相关的遗传变异目录[1]确定了287 处基因变异位点，有证据表明这些位置的变异会影响一个人患中风的风险，但其中大部分的影响都很轻微。

至少到目前为止，我们确认基因变异与常见疾病之间相关性的主要方法是进行全基因组关联分析（genome-wide association study, GWAS）。如果想做全基因组关联分析[2]，你首先需要大量样本——几万甚至数十万

---

[1] 你可以在美国国立卫生研究院国家人类基因组研究所的官网上找到这份目录。
[2] 就我个人而言，我无意这么做，但如果你感兴趣的话，可以试一试。

人①。你应该对他们有所了解，也许你知道他们的身高、他们的血压，或他们是否有中风病史。你要提取他们每个人的 DNA 进行全基因组测序，再基于我们已知的成千上万处遗传变异位点进行全基因组范围内的对照分析，然后将所得结果与这些研究样本的已知信息进行对比，其目的就是要寻找相关遗传变异与你所研究的性状（目标性状）之间的关联。

假设有这样一个特定位点，一些样本的这一位点是 C，而其他样本则是 T。当我们筛选出没有中风病史的人时，我们发现这一位点的碱基 T、C 的样本各占 50%。之后我们再将目光转向有中风病史的人，发现有 60% 的样本这一位点是 C, 40% 的样本是 T。如果是这样，与对照组相比，有中风病史的人这一位点的碱基是 C 的可能性更高②。下一步就是使用另一组实验样本，把整个全基因组关联分析流程再走一遍，证明你第一次发现的关联不是偶然。这是很有必要的，因为在全基因组关联分析刚刚兴起的时候，许多通过它找到的遗传变异实际上都只是偶然现象，并没有参考价值。第二遍分析涉及的数据量一般要比第一遍少一些，究其原因，这一遍你只须分析基因组的某个特定区域，而无须再对整个基因组进行测序。这意味着第二组实验样本的数量不用太多，但工作量仍然不小。如果通过第二遍全基因组关联分析，你得到了和第一遍类似的发现，那么恭喜，你找到了一个中风的风险因子！

但是……它可能也没你想象的那么重要。第一个问题，这种基因变异本身很可能与患中风的风险并无直接关联。它可能只是一个无辜的旁观者，碰巧出现在了那里，心无旁骛地忙着自己的事情，而它附近的某个变异才是真正的罪魁祸首。也就是说，要找出真正的致病元凶"道阻且长"，识别出这样的无辜变异仅仅是万里长征的第一步。第二个问题在于，就每一个个体而言，这种风险因子的意义其实微乎其微。如果说有一半的人这一位点的碱基都是 C，而且他们患中风的风险也就比一般人

---

① 把采集自这么多人的数据整合在一起往往需要大规模协作才能完成。2014 年，一篇发表在《自然遗传学》（*Nature Genetics*）上的关于身高遗传的论文有 445 位作者，还有 4 个科研团队也参与了研究，以团队形式署名。没错，我一个个数过了。

② 如果实际比例与之相反，碱基 C 就可能是中风的保护因子，而非风险因子。

高一点，那么即使你发现自己携带了这一变异也不用过于担心。此外，对来自不同族群的人而言，这种风险因子可能也没有参考意义。例如，这种 T → C 的基因变异与中风之间的联系可能只适用于欧洲族裔。说到欧洲族裔，关于他们的研究不计其数，但这并不见得是好事，因为相比之下，基于其他族群的类似研究屈指可数。

还有一种可能，即你找到的这一基因变异并不存在于某个基因中。通过全基因组关联分析找到的大多数基因变异都属于这种情况。有时，这由上面提到的"无辜旁观者"的存在导致——某个基因上确有一处重要变异，而你发现的那个变异就在它附近。更常见的情况是，某种基因变异与我们感兴趣的某种疾病之间存在关联，其原因往往与这种基因本身被调控的方式有关，而非导致该基因产生的蛋白质发生改变的变异。我们的基因组里有大量对基因表达的调控至关重要的序列（调控序列）。这种调控往往通过 RNA 来实现。RNA 是一种与 DNA 几乎相同，但又不完全相同的化学物质。RNA 与 RNA 之间可以相互作用：一个 RNA 激活了另一个 RNA，而这又会抑制其他不同的 RNA，这一系列作用反过来就会影响基因的表达，某种蛋白质可能就这样产生了，而这可能与你一开始发现的基因变异有关。我们对这套调控机制还不甚了解，但通过全基因组关联分析找到的很多变异，可能都与这一错综复杂的调控机制中的某些微妙变化息息相关——这不是我们在短时间内能够弄清楚的。

理想的情况是，我们能够识别出所有与人类①疾病和身高等特征有关的基因变异。以心脏病为例，如果我们能够完全弄清楚哪些基因变异与

---

① 我这本书的重点是人类，但同样的技术也被广泛应用于其他生物体的研究，有时是出于促进农业生产的目的。试想一下，如果你能识别出影响奶牛产奶量的基因变异，乳制品行业的从业者们肯定会把你的门槛踏破。与之类似，从粮食生产到赛马运动，都可以看到这类技术的影子，而且它的应用范围已经不再局限于这些普通生物。举个例子，悉尼大学的克里斯·莫兰（Chris Moran）教授研究的就是一种叫咸水鳄的鳄鱼。在他退休前的那些年里，我一直与他合作开展这项研究。他所在的研究团队已经完成了咸水鳄的基因组测序，而克里斯致力于寻找与咸水鳄幼体生长速度及皮肤发育有关的基因变异，后者对鳄鱼皮的生产至关重要。可以说，从蜜蜂到水稻再到三文鱼，几乎每一种有经济价值的生物的基因组都已经被我们研究过了，目的都是弄清楚如何使它们更多产、更赚钱。

心脏病有关，我们就有可能找到预防心脏病的新方法。

早在人类基因组测序完成之前，研究人员就一直想要弄清基因与各种疾病和性状之间的关联。著名的"先天基因与后天环境"（nature vs nurture）之争就是一个很好的例子。多年来，研究人员一直想要衡量"先天基因"对人类的影响到底有多大，广泛使用的一个衡量指标就是遗传率（heritability）[1]：某一群体内某特定性状的变异受基因控制的程度。单看名字，你可能会认为它是对"先天基因"作用的直接衡量，但这并不准确——实际上它的重点在于种群中的变异性。例如，假设你正在研究两组人的发色：一组是尼日利亚人，另一组是巴西人。尼日利亚人都是黑头发，因而没有变异性可以衡量——遗传率为零。但这并不意味着基因对尼日利亚人发色的控制作用可以忽略不计——事实恰恰相反。相比之下，巴西人的发色变异性要高得多，从黑色到金色应有尽有。这种变异性主要是遗传导致的，所以遗传率很高。

计算遗传率的方法有很多。一种常见且相对简单的方法是比较同卵和异卵双胞胎的相似程度，这种方法的原理是，双胞胎的生长环境完全相同，而且从还在子宫里的时候就是如此，同时，这种环境因素的影响对同卵和异卵双胞胎都一样。由于同卵双胞胎的所有基因都相同[2]，而异卵双胞胎平均只有一半基因相同，所以你会认为（通常可以观察出来）同卵双胞胎比异卵双胞胎更相似——不仅是外表，身高、血压等都是如此。利用这些数据进行一些简单的计算，就能求得方差，再用它来计算遗传率[3]。但无论如何计算，遗传率范围都在0（该群体中的某个特定变异与基因无关）到1（该变异完全由基因引起）之间，这一比率也可以用百分比表示。

不同性状的遗传率各不相同，但同一性状的遗传率也会因研究和群

---

[1] 遗传率也称遗传力、遗传度。——译者注

[2] 理论上说是这样。但事实上，同卵双胞胎在基因序列（发生在受精卵分裂之后，而且这样的双胞胎往往是镶嵌体）或基因表达上也可能存在差异。通常情况下，这些差异微乎其微，你可能根本看不出来，但它们是真实存在的。

[3] 遗传方差占性状方差（总方差）的比值即为遗传率。——译者注

体而异。相对而言，人类身高的遗传率在多项研究中基本保持一致：在营养条件好的人群中，身高的遗传率为 0.8，身高的变异大多是由遗传因素导致的。在中国，身高的遗传率相对较低，约为 0.65。其中，基因仍然扮演着重要角色，但这一数值表明环境因素对身高的影响在中国可能比在美国等地更为明显。让我们来举一个环境影响的一个例子：假设你的母亲在怀你的时候营养不良，你小的时候营养也不是很好，那么你成年后的身高就很可能比预期要矮。研究那些在艰难时期长大的人便不难发现，环境对他们身高的影响更大，基因的影响则相对较小。

2000 年前后，全基因组关联分析成为可能，到差不多 2007 年的时候，这种分析方法才真正流行起来。但全基因组关联分析学家们很快就发现了一个棘手的问题：遗传率缺失（missing heritability）。纵使他们付出了相当多的努力，到 2010 年，全基因组关联分析也只解释了 5% 的身高变异——距离我们预测的 80% 的遗传率还有很大差距！在过去十多年里，这一差距逐渐缩小了，但它仍然存在，还有不少变异亟待解释。迄今为止规模最大的关于身高遗传的研究是英国的生物样本库（the UK Biobank）项目，近 50 万英国志愿者为该项目捐赠了 DNA 样本，并提供了详细的个人及医疗信息。斯蒂芬·许[1]率领的研究团队利用这些宝贵数据解释了 40% 的身高变异——这是个了不起的成就，但距离仅凭 DNA 就能准确预测一个人的身高，这还远远不够。该研究团队开发了一种先进的算法，能够利用基因组数据预测身高，误差仅为几厘米。这听起来令人心动，但在实际应用中，这意味着我们的预测和实际身高的误差范围其实非常大。设想一下，一位证人在法庭上做证时说："我认为那个人大约五英尺八英寸，上下误差一两英寸，但他实际上可能只有五英尺二英寸，也可能高达六英尺二英寸。"[2]许教授团队的这一研究也从侧面反映了一个事实，就身高的预测而言，即使研究更多的人、观察更多的基因

---

[1] 斯蒂芬·许（Stephen Hsu, 1966— ），美国物理学家，密歇根州立大学理论物理学教授。——译者注

[2] 换算成米制就是："我认为那个人的身高在 173 厘米左右，上下差个几厘米，但他实际上可能只有 158 厘米，也可能高达 188 厘米。"

标记，也不太可能提高预测的精确性——他们已经尽可能地采取了这种方法。除了身高，他们还用这一算法研究了受试者的受教育程度，以 6 分制进行评分，"大学学历"为 6 分满分。这种方法只解释了 9% 的"受教育程度"表型变异，但他们认为，如果开展更大规模的研究，或许有望解释更多的变异。

为什么即便是这样一项大规模研究也只能解释一部分表型变异呢？对于这一现象，目前主要有两种观点。第一种观点认为，传统的遗传率计算方法存在严重高估的问题——例如，最近有一项研究使用了冰岛人的数据，在计算遗传率时将全基因组数据也纳入其中，结果发现这样得出的遗传率比传统计算方法得出的值要低得多。以身高为例，用这种新方法计算出的遗传率为 0.55，而非我们已知的 0.8，这意味着许教授团队其实已经能够解释超过 70% 的身高变异了。对于体重指数（body mass index, BMI）①，数值分别为 0.65（旧方法）和 0.29（新方法）；受教育程度的遗传率则分别为 0.43 和 0.17——差异显而易见。

第二种观点也许更有意思。这种观点认为，我们研究的所有这些性状背后都有大量未被发现的遗传变异，但它们大多影响轻微，即使我们研究大量人群也难以捕获。其实，这个观点并不新鲜，早在 2018 年它就迎来了自己的百年纪念。1918 年，现代统计学的奠基人之一罗纳德·费希尔提出了无穷小模型（infinitesimal model），该模型假定，身高等可变性状受无穷多基因的控制，但每个基因对该性状的影响无穷小，此外，环境因素对性状的影响也不可忽视。当然，费希尔所说的"无穷多"并不是指基因的数量无限，只是思考这个问题的一种方式。

你可能并没有听说过费希尔，但在某些圈子里，他一直备受尊敬。这倒不是因为他提出的无穷小模型——以他的标准来看，这并不是个特别大的成就——而是因为他对统计学和遗传学理论所做的许多其他贡献。伊恩·马丁是一位科学家，曾经教我饲养小鼠②，几年前退休了。2016 年

①一种反映体重与身高关系的指数，用体重（千克）数除以身高（米）的平方得出。
②为了进行科学研究，而非爱好使然。

12 月，悉尼大学授予伊恩兽医学荣誉博士学位，以表彰他对小鼠遗传学领域和学校的贡献。在学位授予仪式举行前的一个招待会上，伊恩详细地跟我讲述了他与费希尔相识的那段时间。当时，他还向费希尔展示过自己的一些研究成果，得到了费希尔的认可。伊恩在 1962 年获得博士学位，也就是费希尔去世那年，所以这肯定是半个多世纪以前的事了。显然对伊恩而言，这一切都历历在目，仿佛就发生在昨天。听闻我的挚友及恩师认识这位了不起的人，我的激动之情溢于言表。①

虽然意犹未尽，但我们还是要暂且放下这种对科学英雄的崇拜，平复心情，探讨一下环境因素对我们的影响。把环境因素对你健康的潜在影响比作一辆超速行驶的卡车，就相当清楚了。如果你得了某种传染病，你很可能会认为，环境因素（病毒、细菌、真菌或寄生虫）的影响显而易见，而且它就是导致你患病的唯一因素，如果你这么想的话可就错了。有些人的免疫系统本就擅长（或拙于）应对特定类型的感染。一个极端是，有的人几乎对艾滋病病毒感染免疫，就像我们在第八章中看到的那样；另一个极端则是那些患有遗传性免疫缺陷的人，他们的身体极易受到一些特定类型的感染，重者在任何感染面前都不堪一击。其他人则处于这两个极端之间。

宿主和感染源之间存在一种相互作用，而且就像我们的免疫系统存在差异那样，并非所有感染源都一样，所以这个等式的两边都可变。那些对流感有天然抵抗力的人如果感染了一种温和的流感病毒，甚至都不会觉察到自己生病了。对我们一般人而言，得了普通流感会让我们难受好几天，但很快就可以完全康复。如果免疫力差的人不幸感染了某种特别凶险的病毒，如在 1918 年（西班牙流感）和 2009 年（猪流感）肆虐

① 我多么希望我对费希尔的评价永远都是统计学巨匠，仅此而已。然而遗憾的是，他是剑桥大学优生学学会创始成员，以及他坚信人类各种族之间确实存在重要差异的观点，在某种程度上使他的名声蒙上了污点。但至少对我来说，听伊恩说起费希尔还是让我激动不已，因为这意味着我与查尔斯·达尔文的关系又前进了一步：我认识伊恩·马丁，马丁认识费希尔，而费希尔又认识霍瑞斯·达尔文——优生学学会的会员之一，也是查尔斯·达尔文的儿子。相当于我和查尔斯·达尔文之间只隔了 4 个人！

全球的 H1N1 流感病毒，其后果将致命。

从遗传学角度来说，这种基因与环境之间相互作用的一大重要体现，就是环境因素对孕早期胎儿发育的影响。说到这种影响，沙利度胺可谓是个极端且臭名昭著的例子，但还有一些药物也可能对胎儿造成危害。异维 A 酸（isotretinoin），市面上称爱优痛（Accutane）或罗可坦（Roaccutane），是一种治疗痤疮的特效药。然而，如果女性在使用这种药物期间怀孕，胎儿就极有可能出现各种问题（身体畸形和智力障碍），尽管也有很多胎儿不会受到影响。一些用于治疗癫痫的药物也可能会对胎儿产生影响，这对患有严重癫痫、需要服用这些药物的女性来说，可能是个艰难选择。你认为应该让孩子承担这份风险，还是让母亲冒着癫痫发作的风险更换药物呢？

不仅仅是药物，酒精也可能会对发育中的胎儿造成严重危害，尤其是对大脑，支持这一结论的证据主要来自那些在孕期大部分时间大量饮酒的母亲所生的婴儿。我们尚不清楚孕妇是不是完全不能饮酒，有没有一个安全的酒精摄入量，所以在饮酒问题上我们给孕妇的建议往往相对谨慎。除此之外，怀孕期间吸烟同样可能导致胎儿流产或发育不良。怀孕期间的感染也是非常严重的问题——我们为备孕女性接种风疹（rubella）疫苗的主要目的，就是预防孕期风疹病毒感染。此外，还有很多其他感染也会对胎儿造成威胁（如最近才被归入这类情况的寨卡病毒感染）。患有糖尿病的母亲所生的孩子更有可能出现各种身体畸形，但如果母亲的糖尿病由怀孕导致（妊娠期糖尿病）就无须担心这个问题，因为她们患上这种特殊糖尿病的时候，腹中的胎儿已经完全成形。但这并不是说妊娠期糖尿病无害，它对母亲和孩子都构成了极大风险，只不过胎儿畸形不是风险之一罢了。

所有这些危险都是真实存在的，而且它们都有一个特点：不可预测。即便是沙利度胺，我们也无法肯定孕妇服用这种药物到底会产生何种影响。还有一个问题是，对于许多药物，并没有太多证据表明它们会对胎儿构成威胁。为此，近年来有越来越多的研究人员开始将目光转向这些药物，致力于分析和监测母亲在孕期服用这些药物对婴儿产生的影响。

尽管我们还不能完全理解为什么同样的危险因素会对有些婴儿造成严重影响，而有些婴儿却安然无恙，但我们有充分的理由认为这与基因变异有关。也许是胎儿体内的基因变异让他们免受伤害，可能是那些负责下达形成胳膊和腿的指令、保证发育中的四肢的血液供应的基因发生了变异，变得格外强大。也有可能是母体的基因变异保护了胎儿：也许母亲体内有一种基因变异，导致她的肠道无法很好地吸收沙利度胺，所以她血液中的沙利度胺含量永远也达不到对胎儿产生影响的程度。

总的来说，公众意识到母亲孕期的一些行为会对孩子造成伤害是一件好事。这样，女性在怀孕期间就会有意识地避免吸烟或饮酒，用药也非常谨慎。但就像很多事情都有两面性一样，这也可能是把双刃剑，我就曾碰到过这种情况。巴里是个四十岁出头的男性，患有智力障碍。他会走路，也能进行简单的交流，不过除此之外，生活上的大部分事情还是要依赖父母。他有个三十多岁的妹妹，最近刚刚怀孕，她担心自己的孩子也会有智力障碍，这就有了我们的会面。20世纪70年代，当巴里还是个孩子的时候，家人带着他四处求医，始终没能查出他到底患了什么病。一段时间之后，对那些照顾巴里的人来说，这个问题似乎变得不那么重要了，应对他日常出现的各种健康问题才是重中之重。直到有一天，巴里的妹妹又提起这个问题。当我看到巴里时，我就怀疑他患有某种染色体病，之后的检查结果也证实了这一点——他的一条染色体有大片缺失，这无疑是他问题的根源。

这一消息对巴里年近七旬的母亲意义非凡。巴里是她的第一个孩子，而在怀他的时候她曾亲手粉刷过婴儿房。所以自巴里发病后的那天起，她就陷入了无限的自责之中。她深信是自己当时误吸了粉尘，才让儿子的大脑出现了损伤，这一切完全是她造成的。几十年来，她一直背负着这种不必要的负罪感，这种感觉已经把她压得喘不过气来。所以当染色体检查结果出来的那一刻，她再也忍不住了。就像我见过的其他面临相同处境的人那样，此刻的她心潮澎湃，百感交集，既为原来这一切并不是自己的错感到如释重负，也为那个这么多年来对此深信不疑的自己难过感伤。

　　询问母亲的孕期情况是临床遗传学咨询的一个重要部分，因为它偶尔能为我们提供关于孩子病因的重要线索。即使父母跟我说的情况都显然与孩子的问题毫无关联，我也总会再问问有没有什么特别让他们耿耿于怀的事情，因为很多时候人们并不会主动提供这些信息。我曾在悉尼儿童医院的唇腭裂门诊工作多年，其间来看病的孩子要么患有唇裂要么患有腭裂，有的兼而有之。唇腭裂是一种软组织分裂的畸形，通常是胎儿在早期发育过程中分离的面部结构未能正常融合的结果。有时，这些孩子的唇腭裂由遗传病导致，如"软腭-心-面综合征"等染色体病或其他综合征。但我接诊的大多数孩子除了唇腭裂外都很健康。多亏了先进的现代唇腭裂修复手术，这些孩子术后通常都恢复得很好，特别是那些唇裂的孩子，手术留下的疤痕微乎其微。

　　但他们的父母仍然想知道这是怎么发生的，是不是他们的错。通常情况下，我在唇腭裂门诊做的最有用的事情不是给他们列举各种可能导致这种问题的原因，而是恰恰相反：不，你在工作中承受的压力不是造成你孩子唇腭裂的原因，你服用的抗生素也不是，你修打印机的时候手上不小心沾满了墨粉也不是问题的根源。

　　通常情况下，虽然我们无法将腭裂或先天性心脏病等疾病归结于某一特定原因，但我们可以弄清基因变异在其中发挥的作用。对于这两种疾病，我们知道在一些家族中，单个基因的变异是主要原因。在识别导致先天性心脏病的单基因变异上，我也尽了一份绵薄之力[1]。我的朋友托尼·罗肖利（Tony Roscioli）（遗传学领域的夏洛克·福尔摩斯，尤为擅长从基因数据中抽丝剥茧，揭示未被发现的基因与疾病之间的联系）则发现了一些与腭裂有关的基因。即便是这些"单基因"疾病，也不可预测——携带了同样的基因变异，出生在一个家族中的孩子可能患有严重的先天性心脏病，一出生就已回天乏力，而另一个家族中孩子的症状也

---

[1] 我曾是一个心脏遗传学研究小组的一员，该小组由莎莉·邓伍迪（Sally Dunwoodie）、理查德·哈维（Richard Harvey）两位胚胎学家和心脏外科专家大卫·温洛（David Winlaw）领导——都是精力充沛、才思敏捷之人。

许要轻得多，他的心脏甚至可能完全正常。

"这个孩子携带了一种可能致命的基因变异，但很幸运没有受到太大影响，而那个孩子就没有那么幸运，这种变异对他来说是致命的。"这乍一听根本站不住脚，但事实上这种观点是有充分科学依据的。在单个DNA分子的层面上，蛋白质和DNA相互作用的方式可能会有一些"摇摆不定"。基因活动的调控不仅仅是一个"开"或"关"的问题，有时开关会调到比平时更高的水平，有时又会卡在较低的水平上。如果细胞数量足够多，这种摆动可以达到平衡状态，所以（大部分情况下）几乎无关紧要。但如果这种"摇摆"发生在胚胎发育早期，在那几丛细胞决定它们命运的关键时期，其影响不容小觑。就像蝴蝶扇动几下翅膀就可以在数周后引发一场龙卷风一样，在胚胎发育早期的关键时刻，几个细胞的微小变化也可能彻底改变这个孩子的命运。

也就是说，人类疾病有各种各样的可能性。有些疾病就像出了车祸，或者受到沙利度胺副作用的影响那样，主要与环境有关，但与基因也不无关联——有利的基因变异可能会让你免受沙利度胺的影响，而不利的变异则可能让你在感染面前不堪一击。还有一些疾病主要由单个基因的变异引起——但也会受到其他基因以及环境因素的影响。在这之间，还有许多其他疾病，它们都是成千上万个微小的基因变异之间相互作用，以及与环境相互作用的结果。[①]

有了这一认识，我们就有可能利用基因标记来预测疾病和其他性状。也许一个利用全基因组关联分析找到的基因变异并不能提供多少关于你

① 确切地说，这些并不属于遗传病，比如有些人眼睛和皮肤的颜色与常人不一样，这种情况大多是由少量基因变异结合在一起造成的。例如，网上有很多图表解释了蓝眼其实一种隐性性状，它们以图谱形式展示了棕眼父母有四分之一的概率生下一个蓝眼的孩子。这些图表的优点是简单明了，缺点是它们完全错误。眼睛的颜色实际上是一种复杂的性状，但不同寻常的是，只观察几个基因的变异（尤其是HERC2和OCA2基因），你就可以得到大量关于这一性状的信息。一组来自荷兰的研究人员通过对一个蓝眼占多数的人群的研究，能够仅利用6个基因上的6种变异预测一个人是不是棕眼，准确率达93%。肤色这一性状也与一些基因密切相关，其中包括——不出所料——几个影响眼睛颜色的基因。

未来健康状况的信息，但如果把数百种这样的变异结合起来呢？你能把它们组合起来得到有意义的信息吗？答案是：在某种程度上可以。这就是所谓的"多基因风险评分"（polygenic risk scores, PRS），已被广泛应用于各种常见疾病的预测：中风、心脏病、糖尿病、各种癌症等。从本质上讲，这与斯蒂芬·许的研究团队预测人类身高的方法相同。一些比较成功的基于多基因风险评分的预测模型已经开始成为实用的医学检测工具。例如，可以将多基因风险评分与其他信息结合来计算女性患乳腺癌的概率，这一结果可能会影响她接受的乳腺癌筛查的类型。

到目前为止，其他类似的评分还没有这么成功。来自德国和英国的一组研究人员曾使用英国生物样本库的数据（其中包括306 473个年龄在40—73岁人的基因数据）来建立中风风险评分。他们成功了：他们的模型预测出的风险最高的三分之一的人，比风险最低的三分之一的人患中风的风险要高35%。这听起来很不错，但是还不算完，他们还发现如果问这些受试者四个关于生活方式的简单问题，他们还可以做得更好：没有或只有一种健康生活方式因子①的人，比有三种或四种健康生活方式因子的人患中风的风险高66%。他们的这一风险评分还有一个更致命的缺陷：无论基因如何，健康的生活方式对每个人都有益无害。结论：最好的方法是建议每个人都养成健康的生活方式。这样的基因检测，纵使以大量数据为基础，看起来也有坚实的科学依据，依然并不能为你如何生活以降低患中风的风险提供多大指导。

但这并不意味着此类评分就一无是处——如果不能用于医学，拿来赚钱总可以。很多公司会提供这样的基因检测服务，检测你的DNA，并根据测试结果给你提一些关于生活方式及饮食的详细建议。如果你的基因背景与这些研究的受试者（主要是欧洲人）相同，那么分析出的结果或多或少有些参考价值。总的来说，这样的检测对个体的意义非常有限。在花钱做这样的检测之前，你不妨想一想，难道有可能收到这样一份报

---

① 这并不是说我们要成为吃素的铁人三项运动员才行。这些研究人员所考虑的健康生活方式因子包括：现在不吸烟、有健康的饮食习惯、体重指数小于30、每周至少进行两次及以上的适度运动。如果你（现在）不吸烟，也不肥胖，就已经得到两分了。

告吗："你可以抽烟，可以不运动，吃富含糖和饱和脂肪的食物、少吃蔬菜也没什么问题。"再打个比方，如果拿到的报告说你的身体可能对酒精不耐受，倒不如自己小酌几杯看看有何反应来得明确 ①。这样的例子还有很多。

但这种"这东西没什么用"的论断，可能在一种情况下不适用——检测你的身体吸收药物的能力。人体内有相当多的基因参与药物的新陈代谢，但具体是哪些基因因人而异。我们中的一些人产生的药物代谢酶只能缓慢发挥作用，而且很难跟上节奏，而另一些人产生的这种酶活性很高，对药物具有很强的代谢能力，了解这些基因可能很重要。例如，如果你的身体代谢药物的速度很快，你可能需要服用比一般人更大的剂量，否则体内的药物浓度永远也达不到起效标准；如果你是个新陈代谢比较慢的人，药物可能会在你体内积聚并对你产生毒害，所以你需要比一般人更低的剂量。我们大多数人要么没有这种与药物代谢相关的基因变异，要么根本就不需要服用这些药物——问题在于，除了做基因检测或"亲身体验"以外，我们永远也无法知道自己到底属于哪一种。

大多数提供复杂疾病基因检测服务的公司只会告诉你，你的奶奶可能来自东欧 ②，或者你应该多吃水果和蔬菜，诸如此类的信息。最坏的情况是，还有一些公司会建议你服用特定的膳食补充剂，说对你的健康有益……而且说巧不巧，他们那儿正好就有卖的。不过，大多数情况下，只要你不太把它们当回事，这种"娱乐性基因组学"倒也没什么害处，有时甚至还对你有所帮助。例如，如果你因为被告知患 II 型糖尿病的概率比一般人高而开始注重饮食、加强运动，对你绝对有益无害。

当然，总有人不愿止步于此，想要走得更远。斯蒂芬·许就是这样一个人，他起初是一名理论物理学家，而且显然在这一领域也卓有建

---

① 当然是以科学的名义。

② 如果她老人家还健在的话，你可以直接从她口中得到这一信息。但如果你能获取这些信息的渠道非常有限，这类检测可能就非常有用，特别是对于一些特定族群而言。例如，现在你应该知道以欧洲血统为主的人在这方面是一大优势，因为他们得到的检测结果往往更为详细和准确。

树——他是密歇根州立大学的物理学教授。物理学家出身的他会涉足遗传学，这倒是很不寻常。许教授并没有局限于身高或心脏病的研究，他对智力的遗传也有着浓厚的兴趣，而且正如我们在本章前半部分看到的，他已经做了相关研究，以寻找可以预测智力的基因变异。他是基因组预测公司（Genomic Prediction）的联合创始人，该公司可进行一种与众不同的植入前基因检测。

正如我们在第六章和第八章看到的，迄今为止，我们只会在结果非常明确的情况下使用植入前基因检测——主要用于选择一个未患有家族中已知的某种遗传病或染色体异常的胚胎。和许多其他公司一样，基因组预测公司也提供这种单基因检测和染色体检测，与众不同之处在于，该公司还提供多基因风险评分检测。具体来说，他们会对你的胚胎进行检测，并提供糖尿病（胰岛素依赖型与非胰岛素依赖型）、心脏病、高血压和高胆固醇、各种癌症和身材矮小等的风险评分。有人曾提出疑问，这种检测到底能在多大程度上准确评估这些风险。根据该公司开发这一检测所参考研究报告的说法，检测精度可以用"曲线下面积"（area under the curve）来衡量，而上述这些问题的这一数值都在 0.58—0.71。在这一衡量体系中，1 分代表完全准确的检测，而 0.5 分的准确率则相当于抛硬币。0.6—0.7 分肯定比抛硬币要好，但如果一个被认为有可能患心脏病的人最后没有得病，你并不应该感到意外，反之亦然。

抛开技术问题不谈，我们先假设这种检测可以很好地做出预测。那这样的信息有用吗？如果你要在两个胚胎中选择，它们在别的方面完全相同，只不过其中一个可能不知道在什么时候会患上心脏病……这真的可以作为你选择的一个依据吗？

说得更具体一点，45 岁以上的人中有三分之一 [①] 患有高血压，每 11 个人中就有 1 人患有糖尿病，五分之二的人胆固醇偏高。甲状腺疾病相对没那么常见——大约每 200 人中就有 1 人（主要是女性）因缺乏甲状

[①] 这些都是澳大利亚的数据，但这一比例在其他发达国家也大同小异。在发展中国家，营养不良和传染病之类的因素导致的死亡更为常见，因而降低了血管疾病和癌症导致的死亡所占的比例，糖尿病和高胆固醇也是如此。

腺激素而接受治疗。心脏病和中风导致了大约四分之一的死亡。我们中有一半人会在一生中的某个时候患上癌症，十分之三的人会死于癌症。

假如你现在坐在诊室里，你的生育专家给你看了你最近一次体外受精获得的四个胚胎的植入前基因检测结果。其中两个胚胎有严重的染色体异常，这可能意味着如果它们被植入，很可能会发生流产。即使它们顺利出生了，也可能会有严重残疾，活不了多久就会夭折。大多数人在这种情况下都会认为最好不要选择这些胚胎。

另一方面，检测报告显示剩下的两个胚胎中的一个可能（并不确定）会患高血压，另一个则有胆固醇高的风险。这两种都是可以治疗的问题，而且在人群中非常普遍。所以这在你考虑是否植入某一胚胎时真的有用吗？想想这个结果没有告诉你的关于这个孩子的事情。三分之一的伟大艺术家会患上高血压[1]，24% 的伟大科学家都有高胆固醇，甲状腺疾病虽然也相当常见，但和这些疾病还有所不同。但是这类疾病治疗起来很容易，每天一片药，偶尔抽个血检查一下治疗是否有效，并不是太大的负担。

但心脏病绝对是坏消息，对吧？所以可能又有不一样的结果？

嗯……也许吧。别忘了，你未来的孩子自己也可以做一些事情来降低患心脏病的风险。这种基因导致的风险其实只是总风险中的一小部分，他们的生活方式——不吸烟、健康饮食、加强锻炼——以及医疗手段的干预，都可以降低这种风险。目前，医疗干预主要局限于密切监测血压和胆固醇（以及其他血脂），并在必要时予以治疗将其调控至正常值。而在你今天选择的胚胎长到 45 岁患上心脏病之前，很可能还会有更多其他选择。

尽管如此，你可能会认为，如果你的孩子无须担心所有这些问题那将是最好的，或者至少像大多数人那样，你可能还会担心他们患癌症的风险高不高。我可要提醒你一下，如果把癌症和心脏病算在一起，这两种病导致的死亡已经超过总死亡数量的一半。如果这项检测可以完美预测所有可能出现的健康问题，那可能也没几个胚胎可以供你选择了。你

---

[1] 也许这个时候我应该说我正在接受高血压的治疗，需要服用两种药物来控制血压。所以我在这一问题上的立场可能不完全中立。

的家人是否有过上述任一问题？如果你患结肠癌的祖母、有心脏病的父亲，或者你患有糖尿病的堂（表）亲从来没有出生，你会认为这对他们、对世界来说更好吗？

当然，对这一问题也有一个反驳观点。假设你有两个胚胎而且必须选择一个，其中一个患中风的风险很高，另一个没有。除此之外，它们在这项检测涵盖的所有风险上的得分大致相同。它们中的任何一个都有可能成为一个出色的人，可能某些方面天赋异禀，对整个人类是一种恩赐。或者，它们是你我这样的普通人，但十分幸福，懂得爱与被爱。它们中的任何一个都可能患上某种严重疾病——如严重的精神疾病——这并不包含在你能够检测的范围内。既然这个未来孩子的其他所有信息对你来说都未知，那为什么不选择那个不太可能患中风的人呢？也许，65年之后，这个人将开始一段漫长而闲适的退休生活，而另一个人可能刚刚得了场毁灭性的中风，再也没办法说话了，身体的一侧也永远失去了知觉，他的退休生活只能在一家养老院度过。也许那时你早已离开了人世，但至少你有机会看着你的孩子长大成人，而不用担心某个未来可能发生的事情。这值吗？你想做这个检测吗？

在医学上，在我们能做什么、做什么有用、应该做什么之间找到一个平衡点并不容易。稍有不慎，就会犯错。在我看来，对大多数人来说，即便可以检测常见的、或多或少可治疗的疾病的"完美"检测，也可能弊大于利。而且基于我们对这种检测的了解，它距离真正的完美还相去甚远，称不上是个吸引人的提议，即使你认为这个概念好。这种检测还有改进的空间，而且我们最好尽快决定我们对它的看法，因为这个精灵真的已经从瓶子里出来了。

说到神秘的生物，还有另一种魔法，就在不远处。

第十章　一勺甘露糖 -6- 磷酸

　　人们立即请来了最有名望的医生，但当他们来了，收了费用，却回答说："这种病无药可医。"

——希莱尔·贝洛克 [①]

[①] 希莱尔·贝洛克（Hilaire Belloc，1870—1953），出生于法国的英国作家、诗人、历史学家。代表作品有《罗伯斯庇尔传》（*Robespierre*）、《长短诗》（*Verse and Sonnets*）等。——译者注

1999 年 9 月 17 日，一个名叫杰西·基辛格的男孩不幸去世，几个月前他才刚刚过完自己的 18 岁生日。基辛格患有一种罕见遗传病，这种病使他的身体难以代谢多余的氨分子。他生前是一项临床试验的受试者，当时研究人员构建了一种可将正常的 OTC 基因导入肝细胞的病毒载体，该试验的目的就是检验将这种修饰过的病毒载体输入人体的安全性。不幸的是，试验最终以失败告终——输入的病毒载体在基辛格体内引发了预料之外的剧烈免疫反应。短短四天时间里，他的各个器官逐渐衰竭，纵然医生们竭尽全力抢救，他的生命还是永远定格在了 18 岁。

该临床试验是基因疗法的早期尝试之一。所谓基因疗法，是一种通过向遗传病患者的 DNA 中植入一个正常的基因拷贝，以置换某个有缺陷或缺失的基因的治疗方法。这种疗法的开展面临极大的技术挑战，同时一些已知风险的存在也让人望而却步。然而，谁也没有想过，基因疗法竟会酿成受试者死亡的悲剧。杰西·基辛格之死震惊了整个基因疗法领域，对于我们遗传学界的很多人而言，这似乎意味着基因疗法的终结。

2000 年 6 月 26 日，美国总统比尔·克林顿与英国首相托尼·布莱尔联合宣布人类基因组计划工作草图顺利完成。他们都对这一计划寄予厚望，相信对基因的全新认识将直接推动疾病治疗手段的发展。除了两人都提到的癌症外，布莱尔还提及了遗传病的治疗。然而，在接下来的几年里，这一领域并未取得理想进展，因而饱受诟病。最近的一篇报纸文章就对此提出了疑问，题为《人类基因组计划毫无用处吗？》，并得出了"确实无用"的结论。幸运的是，事实远非如此。正如我们所看到的，人类基因组计划以各种方式造福了那些饱受遗传病困扰的人以及他们背后的家庭，这点毋庸置疑。事实上，癌症的治疗手段也是在人类基因组计划的基础之上发展起来的。通过对患者的癌症组织进行基因组测序，并将其与该患者身上健康组织的基因序列进行对比，识别引发癌变的特定基因损伤变得指日可待。很多抗癌疗法，不论是现有的，还是尚在研发中的，其原理都是直接抵消这些损伤带来的影响。

然而，遗传病的治愈难度要大得多。

遗传病之所以难以治愈，根源在于问题隐藏得太深。细胞核相当于一个坚固的堡垒，不受外界变化的影响。理由很简单：变化是危险的。DNA 的损伤可能会杀死细胞，幸存的细胞也有发生癌变的风险。传统的基因疗法通常是置换缺失基因，然而对很多遗传病而言，这种"缺失"并不是问题所在。有的遗传病是由缺陷基因过于活跃导致的，因而问题在于"过多"而不是"过少"。有些则是因为基因缺陷使细胞产生了某种毒性物质，例如一种在细胞内不断累积、产生毒害的异常蛋白。还有一种情形是，某些基因的"缺失"的确是问题所在，但这种"缺失"发生在某一特定时期，如怀孕的前几周。如果是这种情况，那么无论是对一个成年人还是对一个新生儿进行基因置换，都可能为时已晚、无济于事。

即使你能为细胞核中的某个缺陷基因找到一个正常拷贝，把它插入细胞的基因组中，然后将它激活，使其功能得到正常发挥，依然存在风险。新 DNA 的去向很难控制。如果你不走运的话，它可能会到一个不该到的地方，引发其他问题。大多数基因疗法都要使用一种经过修饰的病毒，因为有一些病毒已经解决了将它们自己的 DNA 整合到宿主细胞核中的问题——这是它们劫持宿主细胞机制、制造新病毒所使用方法的一部分。这意味着你必须对病毒进行改造，既要防止它搞破坏，又要保证它能够完成你需要它做的工作。

所以，早在成功的基因疗法问世之前（正如我们将要看到的，我们最终还是有了一些成功的基因疗法），人们将目光转向了其他方法来尝试治疗遗传病。例如：如果改变细胞内的 DNA 很难，为什么不直接把细胞换掉，用健康的细胞来替代它呢？

我知道这只是巧合。尽管如此，但有时我真的会在很短一段时间内接连看到好几个患有同一种罕见遗传病的人，让我感觉这里面一定有蹊跷，或者说这个世界想要故意整我。在六周的时间里，我连续接诊了两个孩子，他们的家庭都处于进退维谷之中。

两个小男孩都还在蹒跚学步的年纪，他们的故事惊人地相似：他们都因为一系列看似微不足道的问题看遍了各科医生；他们都需要接受疝气修补术；他们都经常感冒，肺部和耳朵的感染也是家常便饭。满一岁之后，他们又迟迟不会走路，他们的父母这才带他们去看儿科医生。两位儿科医生都安排了尿液检测——致命的罪魁祸首终于找到了。

伊桑和安吉洛都患有赫尔勒氏综合征（Hurler syndrome），一种遗传性溶酶体病。如果线粒体是细胞的"动力工厂"，溶酶体就是细胞的"再循环中心"——内含多种水解酶，可以分解细胞中的"过期"物质。溶酶体中的酶有 40 余种，每一种都有各自不同的再循环任务。有的负责回收细胞的"铝罐"，有的回收"纸张"，等等。如果你生来就缺乏回收"纸张"的酶，细胞仍会将大量使用过的"纸张"运送至溶酶体中，但它们不会发生任何变化；它们无处可去，也无法被处理掉。如果你把一个这样的人的组织样本放在电子显微镜下观察，你就会发现溶酶体从分散在细胞中的小球变成了大的斑块，而且随着时间的推移，它们会不断增大，直至将细胞完全填满。

这样的疾病统称为溶酶体贮积症（lysosomal storage disorders, LSD），溶酶体中缺乏的酶的种类不同，病症的表现形式也不同。有的溶酶体贮积症主要影响脑，有的影响肝和脾脏，还有的会影响神经或者心脏。赫尔勒氏综合征是溶酶体贮积症的一种，会累及身体大部分部位。患儿的肝、脾会不断增大。他们的心脏瓣膜会变硬，心肌可能会衰竭。软骨和骨骼生长异常，导致他们的身材非常矮小，还可能伴有严重的脊柱和关节问题。随着时间推移，他们的舌头会变大，面部特征也会发生变化，形成一种通常被（相当刻薄地）形容为"粗糙"的面容。他们的关节会变得僵硬，还可能出现呼吸困难，特别是在睡觉的时候……最糟糕的是，这种病还会对大脑造成渐进性损害。起初，患儿的发育正常，之后会慢慢放缓，然后停滞不前。最后，随着神经损伤的加剧，他们会丧失各项技能，而到最终死亡的时候（通常在 10 岁之前），他们已经出现了严重的残疾。

这就是我要告诉两个孩子父母的残酷的消息。

我也给了他们某种希望，以及一个选择。

和许多遗传病一样，赫尔勒氏综合征的危害程度差异很大。只要有一点酶能够发挥作用，情况可能就不会那么严重：大脑也许可以完全幸免，最初的症状可能会晚一些出现，病情的进展也可能更为缓慢。如果酶的数量再多一点，情况可能就会大不相同。我曾经接诊过一位 30 多岁的女性，她的个子比一般女性矮一点，还告诉我自己有严重的关节问题，单从外表来看，我从来也没有想到她患的是另一种赫尔勒氏综合征。[①] 更重要的是，那些症状最为严重的人，和那些症状没那么严重的人，线粒体内酶的功能其实相差无几——一项研究发现，患有严重赫尔勒氏综合征的儿童的酶活性只有 0.2%；病情最轻的人，如我遇到的那位女士，酶活性大约为 1%—2%；介于两者之间的患者酶活性约为 0.3%。如果你的酶活性能到 3%，你就很可能会完全健康，而如果能达到 5%，就几乎可以肯定了。

很多因为缺乏酶引起的疾病都有这种特点。人体制造的酶比实际需要的要多得多。当研究人员发现这一点时，他们得出的结论显而易见：如果我们能够将哪怕是少量的酶输回这些患者体内，就应该能治好他们的病。

一种已经成功实现的方法，是先在体外合成所需的酶，再定期以静脉注射的形式为患者补充进体内。让这种方法真正发挥作用并不简单。这种酶替代疗法（enzyme replacement therapy）最早针对高歇综合征

---

① 她患的是希氏综合征（Scheie syndrome），这种病曾被认为是一种与赫尔勒氏综合征不同的疾病，但之后研究人员发现它其实是一种轻型或减弱型的赫尔勒氏综合征。这一类疾病，即黏多糖贮积症（mucopolysaccharidoses，把这个词说五遍试试？）被分为 I 型、II 型、III 型、IV 型、VI 型、VII 型等类型，没有 V 型。

（Gaucher syndrome）研发。20 世纪 60 年代，罗斯科·布雷迪博士提出用这种方法治疗高歇综合征，但直到 20 世纪 90 年代，市面上才出现了一种成熟的酶处理技术。20 世纪 70 年代的很长一段时间里，布雷迪和他的团队都在研究如何从胎盘中提取微量的酶。最终，研究人员找到了更好的方法：利用中国仓鼠的卵巢细胞①制造这种酶。它们的这些细胞经过修饰，就可以大量制造人体内需要的酶。研究人员在这一过程中还有一个重要发现：要想让制造出的酶顺利抵达需要它的地方，一串附着在蛋白质表面的糖必须与一种叫作"甘露糖-6-磷酸"（mannose-6-phosphate）的特殊糖结合在一起，也就是本章的标题。

在一定程度上，酶替代疗法对许多溶酶体贮积症都很有效，如果这些酶能被输送到需要它的地方，对我们身体里的那些柔滑、湿软且血运充足的部分来说——如果你愿意，可以称它们为内脏——是个好消息。例如，高歇病患者的肝脏和脾脏会严重肿大，而这种疗法可以将肿大的部分"融化"，就像冰块在阳光下消融那样。然而，在骨骼和关节严重受影响的情况下，这种疗法的作用微不足道。最糟糕的是，酶无法进入大脑。所以对于患有严重赫尔勒氏综合征的人，注射酶或许可以缓解一些症状，暂时改善生活质量，但并不会改变长期结果②。

伊桑和安吉洛还有另一个选择，可以说是孤注一掷。有一种方法可以让健康的细胞进入人的大脑，这些细胞能够产生可以被大脑吸收的酶。要做到这一点，方法远非显而易见：首先，你要将病人骨髓中的造血干细胞全部"毒死"，然后再用另一个人骨髓中提取的干细胞来替换它。这就是骨髓移植（bone marrow transplantation）③，主要用于治疗白血病和淋巴瘤，偶尔也可以治疗一些其他类型的癌症。它的原理很简单：你患了

---

① 这可不是我编的。

② 对于那些患有轻型赫尔勒氏综合征且大脑尚未受影响的人而言，这种疗法的效果会更显著。

③ 更准确地说，是造血干细胞移植（haematopoietic stem cell transplantation, HSCT）。造血干细胞是一种能制造各种血细胞的细胞，可以从骨髓中提取，也可以在胎儿出生后通过脐带从胎盘中提取（即脐带血干细胞），甚至可以直接从血液中提取。

一种免疫系统癌症，所以你要把免疫系统里所有的细胞都清除掉，用健康的细胞来替代它们[1]。骨髓移植的另一个应用，是用于治疗免疫系统疾病以及其他血液病，这不足为奇。一个无法正常运作的免疫系统，需要被一个能正常运作的免疫系统所取代。

骨髓移植可能对赫尔勒氏综合征患儿起效的原因很简单：感染可以在身体的任何部位发生——人体到处都需要白细胞。它们可以产生额外的酶，供其他细胞吸收和利用，可以说是帮了大忙。你的大脑中就有大量白细胞——大脑中约十分之一的细胞是一种特殊的白细胞，叫作小胶质细胞（microglia）。替换这些细胞后，你就能在你正好需要的地方获得丰富的酶供应。

骨髓移植有潜在的风险，可能还不止一个。首先，这种疗法非同小可，用来杀死孩子自身骨髓的药物是有毒的，这并不奇怪。这只是部分原因，还有一部分原因在于新的免疫系统建立的过程中很容易出现严重感染，孩子可能会死于骨髓移植本身的并发症。那些存活下来的孩子可能会一直经受药物副作用带来的影响，或者还有一种可能，新的免疫系统可能会攻击他们的身体，即所谓的"移植物抗宿主病"（graft versus host disease）。即使骨髓移植非常完美，大脑中的新白细胞要想真正发挥作用，其数量还须达到足够高的水平，这至少需要 6 个月的时间。在这段时间里，赫尔勒氏综合征对大脑的损害会持续恶化。两个男孩都已显示出了大脑受到影响的早期迹象。我们无法确定骨髓移植会对他们的大脑产生什么影响，至少他们很可能会有一些长期损伤。最后，这并不是一种治愈方法，它最多只能把一种致命疾病变成一种慢性疾病，对逐渐恶化的骨骼和关节问题更是如此。

面对这样的选择，你会怎么做？

在遗传学领域，我们倡导非指导性咨询。也就是说，我们给人们提供信息，让他们能够做出自己的选择，而不是直接告诉他们该做什么。

———————————

[1] 还有其他方法也可以达到同样的目的。有时，对于不累及骨髓的癌症，我们可以抽取患者自己的骨髓储存起来。这样对患者使用一些强有力的治疗手段如化疗的时候，就无须担心会破坏骨髓功能。一旦治疗结束，就可以将之前抽出的骨髓输回患者体内。

但并不是每位病人都喜欢这种模式，毕竟我们都习惯听取医生的建议。在难以选择的情况下，人们常常会问我："你说得对，但如果是你，你会怎么做呢？"但这样的信息可能并没有意义，原因很清楚。对于一个50多岁、子女也已经成年的医学专业人士来说最好的选择，未必适合一个19岁的单身母亲，而对一对44岁的夫妇也是如此，因为他们面临的选择可能是他们第一次也是唯一一次怀孕。所以，我通常不会直接回答这个问题，但当然，我总是有自己的看法。

但这一次不是，我完全不知道在这种情况下我会怎么做，这似乎是个不可能的选择。我该接受孩子的病情只会不断恶化、不出七八年就会离我而去的残酷现实，然后专注于让他短暂的人生过得尽可能快乐吗？还是说应该冒险让孩子接受治疗，哪怕这种治疗意味着短期内的极大痛苦，甚至夺走他的生命；意味着严重持久的副作用，而且也不太可能让他的大脑完全恢复；意味着他可能终身都会受严重骨骼、关节疾病的折磨？

伊桑的父母做了一个选择，而安吉洛的父母选择了另一个。

到底谁的父母做出了正确的选择？都正确，也可能都不正确。我认为在这种情况下，没有客观的对错之分。

幸运的是，这样的两难境地并不多见，但遗传病的治疗效果有限，把一种疾病变成另一种，特别是把致命疾病变成长期残疾的情况并不罕见。如今，我们在这方面做得越来越好，很多遗传病都有了特异、精准的治疗方法。其中大部分疗法并不是直接在基因层面发挥作用，而是解决了疾病生物学某些方面的问题——旨在恢复细胞内某些系统或整个身体的平衡。例如，你的身体不能处理 X，它在你的体内不断积聚，给你造成伤害。所以我们给你用一种可以阻止你的细胞制造任何 X 的药物，也许还会让你吃 X 含量低的饮食。如果你的身体不能产生 Y，我们就给你补充 Y，诸如此类。

有一类遗传病很特殊，叫作先天代谢异常（inborn error of metabolism）——身体内的化学反应出了差错。这种疗法对这些疾病尤其有效。对一些人来说①，可能仅仅通过定期大剂量地服用某种维生素，就能激发体内蛋白质的活性，推动化学反应正常进行。我们万万没想到的是，我们的这一类患者竟会受益于维生素等膳食补充剂行业的存在。很多人有大量服用维生素的习惯，但其实他们并不需要②。有需求就会有市场（以及竞争），最终的结果就是极少数真正需要服用那些维生素的人可以以相对便宜的价格买到它们。如果你是被这个行业欺骗而服用了不必要的维生素补充剂的人，你大可从这一事实中得到一些安慰：你不仅仅在制造昂贵的尿液，还在帮助一群罕见病患者。谢谢你！

这种"平衡疗法"应该对 Cantú 综合征十分有效，最近我们就尝试了一下。

在荷兰人带头发现 Cantú 综合征的主要病因后不久，凯西·格兰奇（Kathy Grange）又有了不同的发现。值得一提的是，在她工作的医学院所在的同一所校园里，有一位叫科林·尼科尔斯的科学家，他在钾通道——Cantú 综合征患者体内过度活跃的蛋白质——方面的研究在国际上享有盛名。两人此前都不知道对方的存在。但是在科林读到荷兰团队发表的论文并看到凯西是合著者的那天，他敲响了凯西办公室的门。第二年，两人共同撰写了第一篇论文：《KATP 通道与心血管疾病：突然成为一种综合征》。不要在意冒号前的那几个字，冒号之后的内容说明了一切。科林一直在从事纯科学研究，突然有一天，他有了一个全新的任务——钻研一种全新的人类遗传病。他立刻开始了研究。

---

① 我不想给你造成一种所有代谢疾病都可以这样治疗的错觉。这种维生素治疗只对很小一部分先天性代谢异常的人有效，尽管还有一些人的症状可能也能通过补充维生素得到一些改善。

② 当然了，有的人确实需要服用维生素补充剂。如果你被医生诊断出缺乏维生素，或是患有其他一些需要补充维生素的疾病，请务必继续服用它们！此外，如果你是一位正在备孕的女性，补充叶酸真的很重要，因为它可以降低孩子出现一些严重疾病的风险，除此之外，你还可以考虑补充其他维生素。如果你服用维生素或其他膳食补充剂只是因为看到广告说它会"增强活力"，或者"让你感觉更好"或"有助于增强你的免疫力"等，那很可能你从食物中摄取维生素会更好。适度均衡的膳食几乎能够提供所有你所需的维生素，补充额外的维生素不会对你有什么帮助。

科林又高又瘦，有着蓝色的眼睛，满腔热忱。他和凯西在密苏里州的圣路易斯工作，在那里他的北方英语口音似乎显得有些格格不入，但他在那里非常自在，自 1991 年以来，他一直在圣路易斯的华盛顿大学医学院工作。我第一次见到科林是在荷兰的乌得勒支（Utrecht）。当时，我们一同出席了 Cantú 综合征兴趣小组的第一次会议。这是一个由科学家和医生组成的国际组织，大家共同的目标是更好地了解这种疾病，研究出最有效的治疗方法。我们此行的目的是参加一个研讨会并参观一个研究诊所。

随后，在圣路易斯举行的一次小组会议上，科林和他带的实习生一同展示了对经过基因工程编辑患上 Cantú 综合征的小鼠的研究。虽然是同一种疾病，但它在小鼠身上的表现与我们人类并不完全相同——例如，我们很难判断一只小鼠的毛是不是过多——不过大多数情况下，症状表现还是相当匹配。这意味着对于那些你认为尚不具备人体试验条件的疗法，你可以在小鼠身上测试。我对小鼠淋巴管的研究印象特别深刻。患有 Cantú 综合征的人的组织中通常会有积液，我们称之为"淋巴水肿"（lymphoedema）。科林给我们看了 Cantú 综合征小鼠的淋巴管图片和视频，并将它们与普通小鼠进行比较。正常情况下，这些管道收集从血液中渗出的液体进入身体组织，并将其带回血液循环系统。在健康小鼠中，管壁的肌肉不断地搏动，有节奏地挤压，迫使液体流向心脏。而患 Cantú 综合征小鼠体内的淋巴管则完全是另一番景象……它们瘫软地坐着，几乎不动。这似乎与 Cantú 综合征患者的淋巴水肿问题有明显的联系。

这很有趣，但真正让我们挺直了腰板、全神贯注的是科林的学生用药物治疗小鼠组织时的情形。有一组药物被称为磺脲类药物（sulphonylureas），它们作用的通道与 Cantú 综合征累及的通道是同一种，但略有不同。它们作用的通道不在血管和淋巴管中，而是在胰腺中。没错，我们又回到了胰腺和糖尿病。胰岛素不是糖尿病唯一治疗方法的原因在于，人们患糖尿病的原因有很多。如果你的胰腺因为各种不同原因完全不能产生胰岛素，那么胰岛素肯定就是你需要的。当班廷和他的同事们研究出如何制备安全可靠的胰岛素时，他们治疗的也正是这种类型的糖尿病——被称为胰岛素依赖型或Ⅰ型糖尿病。这是一种最常见的免疫疾病，人体的免疫系统将胰岛细胞误认为是一种威胁并将其摧毁。

非胰岛素依赖型或Ⅱ型糖尿病就是另一回事了。这是一种十分隐蔽的疾病，身体细胞对胰岛素的作用产生了抵抗，同时胰腺逐渐失去了产生足够胰岛素的能力。因为胰岛细胞仍有能力释放它们制造的胰岛素，所以刺激这种释放的治疗是有效的。事实证明，如果你阻断了胰腺版的这种对Cantú综合征很重要的通道，额外的胰岛素就会释放出来，从而降低血糖。磺脲类降糖药的作用机理是：阻断通道，让胰腺释放更多的胰岛素，从而降低患者的血糖。科林的学生使用了其中一种叫作格列本脲（glibenclamide）的药物来抑制Cantú小鼠淋巴管中过度活跃的通道。淋巴管一下子活跃了起来，有力地收缩着，好像它们本来就是如此。

如果我们知道有一种药物可以控制患Cantú综合征小鼠的一些症状，而且这种药物已被批准可以用于人类，为什么不直接拿它来治疗所有Cantú综合征患者呢？首先，我们担心这会对他们有危险。给没有糖尿病的人服用降糖药可能会导致低血糖，在最坏的情况下可能会产生危及生命的副作用。此外，医学界历来就不乏这样的人，看到论文中的疗法后跃跃欲试，到头来却发现根本无用，甚至还有危险性。实可谓智者却步处，愚者独敢闯。如果你想要这么做，必须小心谨慎。而如果你正在这样做，最好找到一种只会对Cantú综合征通道产生影响的药物。科林正在着手寻找这种药物，但这可能需要数年时间，而且不能保证成功。

在一种情况下，你或许可以尝试未经试验的治疗方法——在你似乎没有其他选择的时候。

2017年底的一天，我接到了一位叫艾伦·马（Alan Ma）的遗传学家的电话。几个星期前，艾伦被叫去看一个婴儿，这个婴儿自出生起就一直在监护病房里接受治疗。哈里（Harry）是个32周的早产儿，体重却超过了同月龄早产儿的预期，他有动脉导管未闭需要手术。他毛发旺盛，前额的胎毛和眉毛长成了一片。艾伦寄给我一些照片，说："这个男孩好像得了Cantú综合征，你觉得呢？"

艾伦还说，哈里患有严重的肺病，尽管接受了各种常规治疗，但他的病情还是没有好转。令人担忧的是，医学文献中有一篇报道称，一名患有 Cantú 综合征的婴儿死于类似的肺部疾病。

现在，似乎是时候将格列本脲用于 Cantú 综合征患者了。

哈里被安排在重症监护室里接受治疗，因为这样他的血糖变化或者治疗产生的任何其他意外情况，都可以得到密切监测。风险和可能的好处之间的平衡似乎表明我们应该试一试。我们和国际组讨论了相关情况，他们同意了，艾伦安排我去见哈里和他的父母，这样我就可以和他们谈谈这个想法。

在我们对患儿进行试验性治疗之前，我们必须完全确定诊断结果，而最快的方法是进行外显子组测序。我们将读取哈里所有 23 000 个基因的序列，尽管我们只对其中两个感兴趣：ABCC9 和它的搭档 KCNJ8。这是澳大利亚实验室首次将此作为紧急测试进行，测序取得了圆满成功——四天后，我们就得到了答案。哈里的 ABCC9 基因发生了变异，我们在其他 Cantú 综合征儿童身上也见过这种变异。这证实了我们的判断。更妙的是，科林已经研究过这种特殊的变异，并在实验室里证明了它对格列本脲有反应。艾伦向医院申请使用这种药物，为谨慎起见，从小剂量开始进行治疗。

世界范围内的 Cantú 综合征患者群体（同意这种治疗方法的那些）都屏住了呼吸。

我希望我能告诉你这种治疗会创造奇迹，但事实远比这复杂。慢慢地，艾伦增加了用药的剂量。慢慢地，哈里的情况好转了。他的脸和四肢原本积水肿胀，如今液体消失了。他的肺部也逐渐好了起来，虽然不是一下子好起来的，中间也有波折，但最终他能够离开重症监护室，最后可以出院了。他的血糖确实下降了几次，但幅度不大。我们没有看到任何证据表明药物对他有其他伤害。两年过去了，哈里的肺仍在正常工作，他还在服用格列本脲。

是格列本脲救了哈里吗？在描述这一切的论文中，我们写道："我们很容易得出格列本脲对我们的病人有益的结论。"我认为这样的提醒是必要的。我当然希望我们的治疗有助于他的康复，但这正是一个问题。如果想要一个特定的结果，你很容易欺骗自己发生了什么。也许哈里总会好起来，也许药物什么作用也没起，或者实际上让事情变得更糟了。只研究一个孩子，几乎不可能确定你的治疗是否起了作用。

你可能会说这无关紧要，我们治疗了一个生病的孩子，他的病情好转了……谁在乎是治疗让他好转了，还是他自己康复了呢？问题是，对于那些治疗罕见疾病的人，有一个特殊的陷阱在等待着他们。一旦你对患有罕见疾病的人使用一种治疗方法，这种治疗就可能会成为常规疗法，即使它实际上没有帮助。这样就几乎不可能通过研究来证明它是否真的有效，因为没有人愿意让他们的孩子（或他们自己）使用潜在的安慰剂，而不是"每个人都知道你用来治（某遗传病）用的药物"。这并不是说我们不应该像我们在这里所做的那样进行尝试。我们可以从 n=1 的研究（对单个患者的研究）中学到一些东西。我们了解到，在特定剂量范围内，这种药对哈里没有明显的危害。我们初步观察到，治疗可能有助于缓解一些问题（如积液过多或肺部问题），还有一些则似乎完全没有改变（如毛发过多）。理想情况下，我们会做对照研究，对 Cantú 综合征患者随机使用药物或安慰剂，而医生和患者（及其家属）都不知道患者用的是什么。这是一个随机对照试验，当你想要知道一种新的治疗方法是否有效时，这是黄金标准。当患者数量很少而需求又很迫切时，我们也不得不尽我们所能给患者最好的治疗，然后分析结果，发表在医学文献中，这样其他人就可以从我们的经验中学习，再为这一疗法贡献他们自己的经验。

过去几年中，出现了大量治疗遗传病的新疗法，其中许多已经几乎具备了上市条件，甚至已经上市。最近，法国医生纪尧姆·卡诺（Guillaume Canaud）在一次欧洲会议上发表了关于一种四肢和组织过度生长的复杂疾病的治疗方法的演讲，获得了在座听众的起立鼓掌。[①]卡诺发现，这种药物最初是为了治疗癌症开发的，因为在某些癌症中，与这

---

① 这并不寻常！因为对一位演讲者来说，他所能希望的最好结果通常就是演讲得到观众礼貌性的掌声。如果演讲非常精彩，这种掌声可能会持续更长时间，仅此而已。

种综合征有关的基因（PIK3CA）过度活跃，会促进癌细胞的生长。他从研究该药物的公司获得了一些药物，并在他的病人身上试用，他看到他们的一些症状有了显著的改善。就在卡诺演讲的同一周，一个由澳大利亚人拉维·萨瓦里拉扬领导的小组发表了一项研究，表明一种新药可以促进软骨发育不全（最常见的侏儒症类型）儿童的生长，还有其他好处。这在最近几乎是常态：实际上我们参加的每一次会议都有关于新的、有针对性的遗传病疗法的新闻。

也许最令人兴奋的是，基因疗法又回来了，从某种意义上说，它从未消失。世界各地专注的研究人员从未放弃寻找治愈各种各样疾病的方法。对于我们这些非该领域的人来说，基因疗法有种永远在变化的感觉，明明近在眼前，又好像远在天边，距离成为现实总是隔着 10 年——直到最近几年，它突然开始进入黄金时期。这有点像一夜成名的音乐家——如果你忽略他们为成名之作付出的几十年的练习和努力的话。

自从 20 世纪 90 年代杰西·基辛格去世以来，基因疗法的基本原则就没有改变过。其思路仍然是将一个有效的基因拷贝到缺乏该基因的细胞中；病毒仍然被用来把新基因运送到需要它的地方。这意味着进入细胞核，尽管不一定要进入细胞的 DNA——在某些基因疗法中，新的基因拷贝位于细胞核内，无须改变细胞现有的 DNA 就能发挥作用。几十年来，人们一直致力于找到合适的病毒并对其进行修饰，使其既安全又有效。通过移除一些重要基因或完全移除病毒自身的基因组，这些修饰可以阻止病毒的自我复制。这样，将替代基因送入患者细胞中的就只是病毒的外壳。

2017 年，美国食品和药物管理局批准了首个用于遗传病的基因疗法 [1]：利用一种叫 Luxturna 的药物治疗一种由 RPE65 基因变异引起的严重眼病。2019 年，食品药物监督管理局批准了第二种药物：Zolgensma，用于治疗一种进行性神经疾病——脊髓性肌萎缩症（spinal muscular

---

[1] 基因疗法也可以应用于癌症的治疗——通过直接修改癌细胞的基因或者修饰病人的免疫系统，让其更好地抵御癌症。

atrophy, SMA）。还有许多其他疗法也已经在路上——用于治疗血友病和一些免疫缺陷。基因疗法的黄金时代似乎即将到来。

但是，总有一个但是。Luxturna 可以改善视力，但并不能治愈这种病。Zolgensma 取得了巨大的成功，但它不能逆转已经造成的损害。儿科神经学家米歇尔·法勒（Michelle Farrar）与新南威尔士州新生儿筛查中心主任维罗妮卡·威利（Veronica Wiley）正共同领导一项研究，对受试新生儿进行脊髓性肌萎缩症筛查。这项研究的目的是在症状出现之前做出诊断，然后在神经细胞受损之前使用基因疗法进行治疗，人们希望早期治疗能够彻底治愈这种疾病。我们不知道这是否有用，但一想到它可能治愈一个本来生命只有一年左右的婴儿，让他过上完全正常的生活，就会觉得不可思议。这真的是在科幻小说中才能看到的情节。

有一点值得注意，一些在出生后几周内确诊的婴儿已经出现了症状。我们并不知道这种疗法的影响是不是永久性的——治疗后的儿童是否仍然会出现症状。即使一切都很完美，筛查和治疗的普及也必然会耗时良久，即使在发达国家也是如此。我们可以想象，这可能像早期的胰岛素治疗一样，大家都在与时间赛跑，加快药物生产，并尽早将其带给有需要的婴儿，从而发挥最大疗效。

然后是成本。

在我的一个病人第一次接受酶替代疗法，治疗一种叫作法布里综合征（Fabry syndrome）的溶酶体贮积症时，我手里拿着装有药物的输液袋，一位护士正在连接输液管。这时病人的母亲指出，那个小袋里的东西比她的车还值钱。这个男孩现在已经长大成人，这只是他人生中接受的第一次治疗，此后他可能每 14 天就要接受一次，每次就是一辆车的价格。就 Zolgensma 而言，你可以用"房子"代替"汽车"：这种药物单剂的价格就高达 210 万美元，是有史以来最昂贵的治疗药物。但至少这是一次性的——病人要终身使用的酶替代疗法的总成本要高得多。有好几种治疗方法，包括赫尔勒氏综合征的治疗，每年都要花费数十万美元；相比之下，那些一次见效的药物，即使价格像 Zolgensma 那样昂贵，也显得很便宜了。这些药物的价格之所以那么高，部分是因为它们生产起来非常困难，且成本十分高昂，还有一部分原因是它们治疗的疾病非常罕见。如果你研制出了一种好用的哮喘药物，即使开发过程可能耗费了很大一笔钱，但你能卖出数百万剂的希望很大。但如果是一种治疗每10万人中只有1人患上的疾病的药物，你根本没办法分摊研发成本。

所有这些都意味着社会可能不得不面临一些艰难的选择。如果你的医疗预算有限，你应该如何最好地发挥它的价值？你是否应该给一个患有严重赫尔勒氏综合征的孩子进行酶替代疗法，明知这可能改善他的生活质量，但无法治好他的脑部疾病，也不会大大延长他的寿命？当有20余种这样的疗法进入市场时，又会发生什么？

虽然一些新的疗法，特别是某些基因疗法，也许成为治愈疾病的良方，但大多数可能都做不到这一点。许多新的疗法可能只是把一个问题变成另一个问题，就像骨髓移植治疗赫尔勒氏综合征一样。还有不计其数的遗传疾病，即便是这样的疗法也似乎遥不可及。

你可能要问："还有其他方法吗？"

第十一章 请筛查我

合众为一。

——出处不详

　　瑞秋和乔纳森决定要一个孩子的时候，瑞秋去看了医生，确保自己做好了当妈妈的准备。当时，医生给她的答复是目前一切正常，提的建议也无非是保持健康，以及定期服用叶酸以降低婴儿出现严重畸形的风险①。一旦你怀孕了，你可以选择接受筛查，看看孩子是否可能患有唐氏综合征——瑞秋之后做了这个检查。然而，不幸的是，这远远不够。瑞秋的医生没有听说过遗传病携带者筛查，因而也没有告诉瑞秋她可以接受这一检查。

　　麦肯齐·卡塞拉是个漂亮的孩子，她机灵又爱笑，明亮的眼睛在照片里也闪闪发亮。在一个更好的世界里，她会成长为一个亭亭玉立的大姑娘，她会上大学，活成父母梦想中的模样。但在现实世界里，这一切都没有发生，因为麦肯齐患有脊髓性肌萎缩症，她的生命只持续了短短七个月。

　　你应该还记得，脊髓性肌萎缩症是一种渐进性疾病，它会影响控制肌肉的脊髓神经。就像黎明熄灭了天空中的星星，脊髓性肌萎缩症熄灭了脊髓里的神经细胞。没有这些细胞，来自大脑的信息就无法到达肌肉，肌肉就会变得无力，而且会持续恶化。当麦肯齐确诊脊髓性肌萎缩症时，针对这种病的基因疗法尚未问世。有人为瑞秋和乔纳森提供了参与一种

————————————

① 这是一类被称为神经管缺陷（neural tube defect）的严重畸形疾病，包括无脑畸形（anencephaly），即胎儿的大脑、头盖骨以及头皮都没有发育好；脊柱裂（spina bifida），即胎儿脊柱外露导致羊水与脊髓接触，造成胎儿脊柱裂口以下瘫痪。女性在怀孕前或孕早期服用叶酸可以极大地降低胎儿出现神经管缺陷的概率，这是20世纪下半叶最伟大的公共卫生成就之一。

叫作诺西那生钠（Nusinersen）的药物的临床试验机会，但他们做出了一个艰难的决定：放弃这一机会。因为试验的不确定性太强，很可能会让他们已经出现乏力迹象的女儿雪上加霜，严重影响生活质量。取而代之，他们开始尽一切努力让年幼的女儿在余下的每一天里都过得充实，尽一切可能让她体验这大千世界的美好。雪、阳光、沙滩……每一天都有新鲜的体验。可以说，麦肯齐的一生是快乐的——但从得出诊断结果的那刻起，她的父母就知道这种快乐是短暂的，而事实也证明了这一点[1]。

麦肯齐的医生是米歇尔·法勒，她一直处于脊髓性肌萎缩症治疗研究的前沿。当卡塞拉夫妇第一次见到她时，他们问了所有听到这种噩耗的父母都会问的问题："为什么会这样？"然后，当他们得知这是一种遗传病，而且他们自己几乎可以肯定是致病基因的携带者时，他们又问："为什么我们以前不知道？"米歇尔会温和地解释说，几乎所有脊髓性肌萎缩症患儿的父母都和他们一样：没有家族病史，只有自己的孩子确诊后才发现自己是脊髓性肌萎缩症致病基因的携带者。当然，这可以通过一些筛查手段检查出来——但前提是，你知道有这种筛查。

这个消息让瑞秋和乔纳森震惊不已、痛苦万分，在遗传病携带者筛查刚问世的这些年，像他们这样的父母有太多太多。从一开始，卡塞拉夫妇的悲伤之中就还有一颗种子在生根发芽：决心。他们认为这种情况不能继续下去了——必须要做点什么。

就这样，他们开始行动了。

遗传病筛查的历史远比你想象的要长，可以追溯到60多年前。在许多为这一检查的发展做出贡献的人中，有两个名字特别值得一提——罗伯特·格思里[2]和乔治·斯塔马托扬诺普洛斯[3]。目前来看，格思里要出名

---

[1] 瑞秋写了一本关于麦肯齐的一生以及她离开之后所发生的一切的书，名字是《麦肯齐的使命》（Mackenzie's Mission）。故事感人至深，值得一读。

[2] 罗伯特·格思里（Robert Guthrie, 1916—1995），美国微生物学家、内科医生，发明了一种快速的新生儿苯丙酮尿症筛查方法。——译者注

[3] 乔治·斯塔马托扬诺普洛斯（George Stamatoyannopoulos, 1934—2018），希腊科学家、内科医生，于1996年创立了美国基因与细胞疗法学会。——译者注

得多，但也许随着时间的推移，斯塔马托扬诺普洛斯这个名字也会变得为众人所知①。

我见过十几个患有苯丙酮尿症（phenylketonuria, PKU）的人。在这些人中，只有一人具有这种罕见疾病的典型特征，那就是弗兰克。弗兰克出生于 20 世纪 30 年代，那时还根本没有针对苯丙酮尿症的新生儿筛查。我认识他的时候，他已年逾花甲，却始终没能学会说话。他的头很小，还有癫痫病史，根据他居住的疗养院的工作人员的说法，他经常咄咄逼人。

相比之下，我遇到的其他苯丙酮尿症患者都是健康的孩子或成年人，他们智力正常，也没有神经系统的问题，与弗兰克形成了鲜明反差，而原因就在于他们都在出生的第一周接受了苯丙酮尿症筛查。早期诊断让他们得到了及时的治疗，他们的大脑也得以完全免受疾病的侵害，否则，脑损伤将不可避免。

苯丙酮尿症也是一种代谢疾病，即一种身体化学反应的紊乱，特别是与身体如何代谢一种叫作苯丙氨酸（phenylalanine）的氨基酸有关。我们的身体利用氨基酸来制造蛋白质，反过来，当我们吃含有蛋白质的食物时，也在摄入氨基酸。在我们大多数人体内，有一种酶会把我们摄入的苯丙氨酸转化成另一种氨基酸——酪氨酸（tyrosine）。但在苯丙酮尿症患者体内，这种酶不能正常工作，这就导致他们体内苯丙氨酸的水平飙升。

不幸的是，苯丙氨酸累积到一定浓度就会毒害大脑。怀孕期间，胎盘会过滤胎儿的血液，所以这种毒性不会对胎儿造成任何伤害，患有苯丙酮尿症的胎儿出生时大脑也完全正常。然而，一旦他们开始喝牛奶，就会摄入苯丙氨酸，损害也就开始了。

20 世纪 50 年代，德国医生霍斯特·比克尔②指出，蛋白质含量极低

---

① 在后期的职业生涯中，斯塔马托扬诺普洛斯开创了基因疗法的先河。他的职业生涯漫长而辉煌，见证了从第一个基因序列的发现到基因疗法成为现实的全过程。

② 说巧不巧，比克尔和格思里的生日都是 6 月 28 日，也就是现在的国际苯丙酮尿症日。

的饮食可以降低血液中的苯丙氨酸水平，对苯丙酮尿症患者有一定好处。比克尔和两位同事发表了一篇论文，描述了第一次成功治疗苯丙酮尿症患儿的过程①。这篇论文于 1953 年发表在《柳叶刀》（Lancet）杂志上，以今天的标准来看，它多少有些让人难以接受，部分原因是它的语言表达太过直言不讳。平心而论，这在当时是常见的。"她是个白痴，不能站，不能走，也不会说话；她对食物和周围的一切都不感兴趣，整天都在呻吟、哭泣、撞头。"该论文描述了调整这个女孩饮食的一系列试验，最终探索出的饮食方案几乎不包含任何天然蛋白质，仅靠少量苯丙氨酸补充剂以满足身体的基本需要，此外还有一种包含了除苯丙氨酸以外所有氨基酸的特制配方奶。这套方案的效果立竿见影：女孩学会了爬，学会了站；"她的眼睛变得更明亮，头发也变得更黑了；她不再撞头，也不再哭闹不止"。

到目前为止，一切都很顺利。但如何确定这是这种疗法使然呢？即便是在 1953 年，比克尔和他的同事们也已经清楚地意识到推行一种只是"似乎"起作用的治疗方法的风险。为了进一步确认，他们决定在配方奶中加入大量苯丙氨酸。这是有科学依据的：先尝试一种治疗方法，看看会发生什么，再停用，看看又会发生什么，之后再重新来一遍。令现代读者震惊的是，他们故意对女孩的母亲隐瞒了这一计划。他们想让她以不偏不倚的旁观者视角，观察重新引入苯丙氨酸后所发生的变化。结果，女孩的状态急转直下：一天之内，她就几乎丧失了前十个月掌握的所有技能。值得一提的是，她的母亲随后同意（也许是因为她事实上没有别的选择）再做一次试验。女孩喝了不含苯丙氨酸的配方奶，又开始学习新技能，之后，他们再次（这一次他们先让女孩住了院）添加了苯丙氨酸，她的技能再次丧失。这个治疗方法有效。尽管希拉确实有一些永久性的脑损伤，但从长远来看，接受治疗对她来说肯定比不接受治疗要好得多。

很快，这种治疗苯丙酮尿症的新方法就被广泛采用。接受治疗的儿

---

① 不寻常的是，我们知道这个女孩的名字，她叫希拉（Sheila）。她在 17 个月的时候被诊断出患苯丙酮尿症，据称，当时她母亲恳求比克尔想办法救她，而历经万难，比克尔和他的同事们成功了。

童都有明显好转，而且开始接受治疗的年龄越小，效果就越好。这是因为有一些损害不可逆，而且孩子的年龄越大，这种损害就越严重。从这些孩子出生的那一刻起，留给他们的时间就所剩无几，如果不及早接受治疗，就将永远失去治疗的机会。几十年后，也就是 20 世纪 90 年代，我在弗兰克确诊后不久见到了他，我们开始了治疗。虽然他的行为有了一些改善，但仅此而已——他早已错失了最好的治疗时机。

早在 20 世纪 50 年代，接受这种治疗预后最好的就是那些出生后不久即确诊的婴儿。他们之所以能在第一时间被诊断出苯丙酮尿症不是因为出现了相应的症状，而是因为他们有一个患这种病的哥哥或者姐姐。这种疗法早期试验的初步结果显示——后来也被证明是正确的——患儿的命运可以因此彻底逆转，毁灭性的神经损伤也可以完全避免。

就这样，苯丙酮尿症成了一种可以治疗的疾病[①]，这为罗伯特·格思里的崛起奠定了基础。

格思里似乎是个很难相处的人。在他去世之后，同事们为他写的悼词都字斟句酌，没有太多的华丽辞藻，只有最为真实的故事。我曾和布里奇特·威尔肯（Bridget Wilcken）聊起格思里。布里奇特本人可谓是新生儿筛查领域的传奇人物——她一手挑起了在新南威尔士州推广新生儿筛查的重任，带领这项工程走过了第一个 50 年。几十年来，她也一直是该领域的世界领军人物。她谈到了格思里对医学的巨大贡献，也与我分享了一个关于他的小插曲。许多年前，格思里曾到她家做客。直到第一天的晚餐已经准备好了，他才告诉她自己是素食主义者。他就是没想过要提起这件事。要知道，那个时候吃素还很少见，而作为主人的你也

---

① 这种疗法非常有效，但对患者家庭来说可能是一大挑战。患者要遵循一套极其严格的饮食规律，他们必需的膳食补充剂虽然做得越来越可口，但还是有一种十分特别的味道。此外，定期的血液检测也不可或缺。特别是对于患有苯丙酮尿症的孕妇来说，日常健康管理的标准更为严格，因为即便是血液中苯丙氨酸的水平轻度升高，对发育中的胎儿后果也可能非常严重。另外，顺便提醒你一下，如果你钟爱无糖饮料，喝的时候不妨看看手里的易拉罐：它的侧面很可能写着"苯丙酮尿症患者不宜饮用——含苯丙氨酸"。人工甜味剂阿斯巴甜（aspartame）含有苯丙氨酸，对一个患有苯丙酮尿症的人来说，一罐健怡可乐的阿斯巴甜含量都可能引发问题。

想不到主动问起这一点。还有人说格思里会在晚上的任何时间打电话给自己的合作者，讨论自己的一些新想法或是正在进行的项目的细节。后来，苯丙酮尿症的新生儿筛查不断完善，但他显然反对将其他遗传病纳入新生儿筛查的范围，大概是因为它们都并不符合他对这一检测的设想。

　　不过，也许专注于眼前的任务就是他成功的秘诀。格思里是六个孩子的父亲，他的第二个孩子约翰患有智力障碍，因此格思里和他的妻子是纽约州弱智儿童协会布法罗分会的活跃会员。通过与协会成员们的会面，格思里了解了苯丙酮尿症的存在及其治疗方式。当时，苯丙酮尿症诊断的一大难点在于测量血液中的苯丙氨酸水平。此时的格思里从事癌症研究已十年有余，他意识到或许可以对他在日常工作中使用的一项简单检测进行改造实现这一目的[1]。他搬到布法罗儿童医院，着手开发这项检测。他最伟大也最引以为傲的成就之一，就是发明了可以利用婴儿的足跟血进行苯丙酮尿症筛查的滤纸卡片。一旦上面的血干了，卡片就可以很容易地邮寄回实验室进行这一检测。如果你已经有一个孩子，几乎可以肯定的是，他或她做过新生儿苯丙酮尿症筛查，而所使用的检测方法都是在这些滤纸卡片的基础上开发的。直到现在，这些卡片仍然被称为格思里卡（Guthrie cards）。

　　有了这项检测，医生就有可能在苯丙酮尿症患儿出生后的头几周内，他们的大脑还没有受到不可逆损伤的时候，做出诊断，并立即为他们治疗。格思里以推广这种新生儿筛查以及让更多人加入进来为己任。1960年，第一轮使用这种方法[2]的筛查试验拉开了帷幕。到1963年，来自美国29个州的40万名婴儿接受了筛查，其中39名患有苯丙酮尿症的婴儿

---

[1] 格思里想出的检测方法虽然简单，却十分精巧。在琼脂培养基上培养细菌，培养基中含有的一种物质可以阻止细菌使用苯丙氨酸。无法使用氨基酸就会抑制细菌的生长（实际上它们在挨饿）。这时，在琼脂上放上一圈浸满了婴儿血液的滤纸。如果婴儿的血液中含有大量苯丙氨酸，就会克服阻碍物质对细菌的影响，细菌就可以继续生长。而苯丙氨酸越多，它们长得就越好。你也可以同时将采集自多个儿童的血液样本都置于培养基上培养，当然，你要记录好它们分别来自哪一个孩子，再观察哪些血斑（如果有的话）会让细菌生长。

[2] 在此之前，一些地区采用了一种效果较差的利用尿液进行新生儿筛查的方法。

被确诊并因此得救。

早期筛查进展迅速的一个原因是，美国总统约翰·肯尼迪有一个患有智力障碍的妹妹，因而对此十分重视，确保负责监管这类项目的儿童事务局有充足的资金支持。这种政治家因与某个问题有特别关联而推动该问题解决的情况，肯尼迪绝非个例。鉴于我们探讨的重点是遗传学，英国前首相戴维·卡梅伦就是一个很好的例子。他的儿子患有一种罕见且严重的癫痫——大田原综合征（Ohtahara syndrome）。照顾儿子的经历让卡梅伦切身体会推广罕见病检测的重要性，而他对罕见遗传病的兴趣也极大地推动了英国基因组医学的发展。如今，英国拥有一个世界领先的遗传病诊断和研究项目。

半个多世纪以来，新生儿筛查日臻完善、蓬勃发展。发达国家开展的大多数新生儿筛查项目会对 40 种，甚至更多的遗传病进行筛查。尽管并不是所有遗传病都能像苯丙酮尿症这样从早期诊断中明显获益，毫无疑问，一项简单的足跟血筛查拯救了成千上万儿童的生命，或者极大地提高了他们的生活质量。我们不能因为新生儿筛查看起来简单，就想当然地认为它理所当然。诚然，除非你的家族中有患某种遗传病的人，否则这种筛查几乎不会对你的生活产生影响。新生儿出生后的那几分钟淹没在了一连串的事件和情绪中——很多人很快就忘了做过检测这码事。但要知道，这是医学上最伟大的成就之一。

然而，新生儿筛查也有一个缺点，那便是它只能在已经出生的孩子身上进行。对于许多疾病，我们目前还没有有效的治疗方法，因而许多父母更希望拥有选择权——到底要不要生下一个患有严重遗传病的孩子。出于这个原因，孕期甚至孕前遗传病筛查应运而生。

孕期遗传病筛查也可以追溯到很久以前。早在 1955 年，研究人员就已经开发出了一种采集孕妇羊水样本进行检测的方法（羊膜腔穿刺术）。最初，他们用这种方法检查羊水中的细胞，以此确定胎儿的性别。到 1966 年，研究人员改进了这一技术，他们在实验室中培养从羊水中提取的细胞，并对它们的染色体进行分析。1968 年，一位已知患有某种遗传

性染色体重排 ^① 的 29 岁女性到纽约布鲁克林的下州医院就诊。她已经怀孕 16 周了，这是她第三次怀孕。她已经有了一个健康的女儿和一个患有唐氏综合征的儿子。染色体异常意味着她有很高的概率会生下患有唐氏综合征的孩子。羊膜穿刺结果显示，她腹中的这个胎儿也患有唐氏综合征，于是她选择了终止妊娠。那时，人们已经能够将羊膜穿刺术与生化检验相结合，诊断胎儿的多种情况，而这是基因检测第一次被用于孕期遗传病诊断。在接下来的几年里，产前诊断迅速发展。当这一检测的操作技术完全成熟，实验室分析能力也普遍达标，对大量孕妇进行筛查也成为可能。

之后的几十年里，研究人员使用越来越复杂的方法对唐氏综合征（以及后来的其他染色体疾病）进行筛查，其目标是识别出胎儿患病概率高的孕妇，这样就不需要让所有孕妇都接受像羊膜穿刺术这样的侵入性检查 ^②，可以只为那些真正要靠这一检测确定胎儿是否患病的孕妇进行此类检查。第一项筛查检测只是简单地询问孕妇的出生日期。生下患有唐氏综合征以及其他染色体病的孩子的概率会随着母亲年龄的增长而增加。^③女性一生中能够产生的卵子数量在出生的时候就已成定局，这些卵子处于一种"休眠"状态，只是还没有成熟。如果你刚满 35 岁，你卵子的年龄可能还要再大一点……这么多年来，它们准确无误地发育到最后一步的能力一直在缓慢下降。女性生下患有遗传病孩子的概率并不会在某个特定的年龄陡然上升，相反，这种增长缓慢而平稳，尽管在 35 岁左右这一曲线确实会变陡。对于一位 20 岁的母亲来说，生下患有唐氏综合征的孩子的概率约为 1/1500；对于 35 岁的母亲来说，是 1/340；而对于一位 45 岁的母亲来说，这一概率则是 1/32。当我开始研究遗传学的时候，为孕妇做产前染色体病检查的一个主要原因仍然是高龄产妇（advanced

---

① 准确地说，是罗伯逊易位。

② 绒毛膜绒毛取样是另一种常用的检测方法。

③ 在这一点上，男性也不能高枕无忧，因为其他一些遗传病发生的概率会随着父亲年龄的增长而增加。

maternal age, AMA）[1]。

这种方法减少了可能要接受更具侵入性检查的女性数量。但问题仍然存在，假如高龄产妇怀上一个患有某种染色体病的胎儿的概率为1/200，我们为 200 位这样的产妇进行侵入性检查，得到的结果只会有 1 份是阳性，其余 199 份都会是阴性，再考虑到羊膜穿刺术有约 1/200 的概率导致流产，你就会发现这里面有个权衡利弊的问题。用这 199 次检查产生的费用和引起的焦虑，再加上 1 次流产的风险，来换一个胎儿异常的诊断，值得吗？

最重要的是，只对 35 岁及以上的女性进行筛查，将错失识别出大多数异常胎儿的机会，因为即使在今天，绝大多数婴儿都是年轻女性生的。

为了解决这些问题，研究人员想尽了各种方法。第一种方法是测量母亲血液中多种物质的含量。这些物质的含量会在孕期发生改变，而如果婴儿的染色体有问题，这些物质的水平就会更高或更低。根据这些检测的结果，再结合母亲的年龄，就能够更好地评估胎儿异常的风险。之后，胎儿颈后部的皮肤厚度也成了一个评估指标。包括唐氏综合征在内的许多疾病，都会导致胎儿这一部位在孕早期出现积液，因此这一检测提高了筛查的准确性。

所有这类检测仍面临着同样的基本问题。即使它们变得更敏感，假阳性概率更低，仍然不是万全之计，仍是在利弊之间权衡。对于大多数被判定为高风险的女性来说，如果她们选择接受羊膜穿刺术，结果很可能正常，但她们还要面临流产的风险。从这个意义上说，筛查有风险，因为你可能要接受一项你并不需要的侵入性检查，甚至可能会因此流产。

最近，一种更好的筛查手段问世了 —— 非侵入性产前筛查

---

[1] 我曾经因为这个严重冒犯了我们的一位遗传学顾问：我在她 35 岁生日那天祝她"AMA 日快乐"。其实"高龄产妇"这一术语并不恰当，因为在其他大多数情况下，35 岁并不算真正意义上的"高龄"。产科学中还有一个更糟的术语——"高龄初产妇（elderly primigravida）"，即 35 岁及以上的初次怀孕的女性。起这个名字的人到底是怎么想的？

（non-invasive prenatal screening, NIPS）[1]。它巧妙地利用了新一代基因测序技术，把 DNA 简单地当作可以计算的东西。通常，当我们从血液样本中提取 DNA 时，我们会从白细胞中提取，因为每个白细胞都有一个细胞核（红细胞失去了它们的细胞核和线粒体，所以它们不包含 DNA）。然而，占你血液一半左右的血浆中还有少量 DNA。20 世纪 90 年代末有研究发现，如果采集孕妇的血液样本，将血细胞弃置一旁，从血浆中提取 DNA，其中就会有一些来自胎盘的 DNA。它通常被称为"胎儿比值"（the fetal fraction），但这些 DNA 来自胎盘而不是直接来自胎儿这一事实很重要。原因马上揭晓。

　　开展非侵入性产前筛查的方法有很多种，很多公司已经提出了自己的方法。最常见的方法是使用一款能同时读取多个 DNA 片段（即第五章讨论过的 DNA 片段）的新型测序仪。序列是在全基因组范围内读取的。每一个代表一个 DNA 分子的连续序列就是一个"读长"（read）。在不同的血液样本中，胎儿比值也不尽相同，我们假设它是 9%。平均而言，在任何一个地方，都将有 100 条 DNA 序列来自母亲，10 条来自胎盘（代表胎儿）；10 比 110 就是 9%。你甚至不必区分哪个是哪个，因为你要做的就是数。如果除了 21 号染色体，平均每条染色体都有 110 条 DNA 序列，但 21 号染色体有 115 条[2]，那么来自胎盘的染色体数要比你预期的多出一半：这条染色体肯定有三个拷贝，而非两个。这个胎儿患有唐氏综合征。

　　但这并不绝对。

　　很多时候你误以为婴儿有染色体异常，而实际上它并没有。导致这种情况的一个最重要的原因[3]是，有时染色体变异存在于胎盘中，但不存

[1] 我们很难确定发明某些产前筛查方法的关键人物，因为这些检测都是很长时间以来在很多人的共同努力下开发出来的。中国科学家卢煜明（Dennis Lo）是开发非侵入性产前筛查的第一人，来自澳大利亚的凯普罗斯·尼古拉迪（Kypros Nicolaides）则是率先将超声波应用于唐氏综合征筛查的科学家。

[2] 为了得到更为准确的数据，你可能需要做更多的测序，但原理是一样的。

[3] 其他原因主要是技术性的，但一个罕见的原因是母亲患有癌症。癌细胞几乎都有染色体异常，而它又会将这种含有异常染色体的 DNA 释放进母亲的血液中。很多女性就这样意外地被诊断出患有癌症。

在于胎儿中。早期的胚胎是一个分裂成两部分的细胞球：一部分变成了胎儿，最终成为婴儿，其余部分变成了胎盘、细胞膜等。如果变异在分裂后发生，胎盘中可能就会有胎儿中没有的一个染色体变异。由于胎儿比值是胎盘的一部分，检测出错也就不难理解了。它确实正确地数出了那条多余的 21 号染色体拷贝——只不过对于它所在的组织而言，多一条拷贝无关紧要。

这意味着，这确实是一个"筛查"，所以，尽管它通常被称为"非侵入性产前检查"（non-invasive prenatal testing, NIPT），我更青睐用"非侵入性产前筛查"这一名称。我们有充分的理由相信，一些产科医生误解了非侵入性产前筛查报告，只参考了这一报告而没有做确证检验 ①。如果是这样的话，肯定会有一些基于错误判断的终止妊娠，而胎儿根本没有任何染色体异常——这令人不安。

不要误会，非侵入性产前筛查其实是很好的检测手段。和其他筛查方法相比，它遗漏的异常胎儿要少得多，阳性结果出错的可能性也要小得多。自非侵入性产前筛查问世以来，我们看到产前检测的数量急剧下降，这都要归功于这种方法的优越性。然而，最近由于"任务蠕变"，这一趋势有所逆转。

大多数非侵入性产前筛查都由私人公司提供，它们之间进行竞争的方式十分有限。所以显然，价格是一个选择，而证明他们的检测在某些方面更好则是另一个选择。一种方法是证明其能比竞争对手检测更多的遗传病。非侵入性产前筛查最开始是寻找第 13、18 和 21 号染色体的额外拷贝以及性染色体额外或缺失的拷贝。正如我们在第四章中所看到的，检测性染色体有可能产生更为复杂的结果。不过，总体而言，这种方法产生的假阳性结果相对较少（第 13、18 号染色体的假阳性概率大于 21 号染色体），但即便如此，如果非侵入性产前筛查结果显示胎儿极有可能多了一条 13 号染色体的拷贝，或许也没什么问题。

① 最合适的确证检验应该是羊膜穿刺，因为绒毛膜绒毛取样检测的也是胎盘，而非直接检测胎儿。

增加额外的检测目标……是有问题的。一些公司增加了对相对常见但仍然罕见的染色体异常的筛查，如 22 号染色体缺失导致的软腭-心-面综合征（或斯德拉科娃综合征，如果你更喜欢这么叫的话）。另一些公司则将目光转向了那些可能会影响其他染色体的变异，如 10 号染色体的一个额外拷贝。

我在实验室的工作之一是发布产前诊断检测报告。到目前为止，我只见过一个非侵入性产前筛查的"额外目标"结果是真正的阳性，我们通过羊膜穿刺术证实了这一变异——一条染色体的大片段缺失。到目前为止，我所报告的所有关于较小的染色体缺失的后续检测结果都是阴性，尽管这种情况可能会在某个时候发生改变。

这些假阳性的原因主要是单纯的统计错误。各种实验室检测都可能出现这种问题，总结一下就是：病症越罕见，关于该病症的阳性检测结果就越有可能错误。根据检测对象的不同，完全相同的检测也可能会得出不同的结果。

非侵入性产前筛查检测报告通常包含类似这样的语句："该检测对唐氏综合征的检测敏感性为 99.9%，特异性为 99.9%。"这听起来令人印象深刻，事实也确实如此：99.9% 的敏感性，意味着如果 1000 名怀有唐氏综合征胎儿的孕妇接受检测，999 人的结果将是阳性，只有 1 人会被遗漏。这真的已经很好了，比之前最好的检测要好得多，之前的检测手段会检测到 900 个，漏掉 100 个，而不是只有 1 个。问题在于另一个数字，即特异性：99.9% 的特异性意味着，如果 1000 名没有怀唐氏综合征胎儿的孕妇接受了该检测，其中 1 人将出现假阳性。

千分之一似乎没那么糟糕，对吧？但为什么这并没有听起来那么好呢？这里有一些数据，虽然是假设的，但清晰明了。假设有两组女性。A 组所怀的胎儿有 1/100 的概率患有唐氏综合征，因为她们的年龄偏大。B 组的女性更年轻，胎儿只有千分之一的机会患病。两组中都有 1000 名女性进行了非侵入性产前筛查检测，方法与上面描述的类似。

在 A 组的 1000 名女性中，按 1/100 的概率计算，有 10 人怀的胎儿患病。这项检测很敏感，所有这些异常胎儿都被检测出来了。但也有 1

个假阳性（概率是千分之一）。这意味着有 11 个阳性结果，其中 10 个正确。对于这些女性来说，阳性结果有 10/11 的概率（91%）正确[1]。现在我们对 B 组的 1 000 名女性进行检测。其中有 1 个怀有患病胎儿，结果是（正确的）阳性。还有 1 个假阳性。对于这些女性来说，阳性结果的正确率只有 50%。完全相同的检测阳性结果在两组中有不同的意义。

正如你所看到的，在接受检测的人群中，病症越罕见，阳性结果正确的概率就越低。如果特异性稍低（例如，你寻找的目标不是一整条染色体，而是更小的变异），情况会更糟。因为检测最初是为了寻找最常见的变异而设计的，所以你添加的每一个遗传病都会比上一个更为罕见，因此检测的正确率也会降低。在过去的几年里，我们又看到孕期侵入性检查的数量再次上升。是越多越好吗？扩展这些检测以寻找更为罕见的遗传病是一个好主意吗？如果你真的因此检测出了一种罕见遗传病，让你有了原本没有的选择，你可能会认为它是个好主意。但如果侵入性检查导致你流产，事后才发现这个结果其实是假阳性，你可能就不会这么想了。

大约就在瑞秋和乔纳森得知他们女儿麦肯齐被诊断出患有脊髓性肌萎缩症的噩耗时，悉尼儿童医院另外两个孩子的父母也听到了类似的消息，而且他们是从我这里听到的。在十天的时间里，我进行了两次几乎相同的谈话，传递了同样残酷的信息——我们现在知道你的孩子为什么会有这些症状了。这种病无法治愈，它只会不断恶化，几年内就会有性命之忧。

无论你多么小心或者多么亲切，无论你以多么好的方式传递这一消息，你很清楚这对孩子的父母是一个沉重的打击。这将是他们此生最黑暗的一天。

在某一时刻——通常是在得知诊断结果的那一小时——那些父母收到这样的消息后会问出瑞秋和乔纳森问过的同样的问题。为什么这发生

---

[1] 这叫作检测的阳性预测值（positive predictive value, PPV）。

在我们的孩子身上，发生在我们身上？难道我们就不能做点什么吗？近年来，父母在孕期可能经常接受染色体病的筛查，所以他们很容易错误地认为这是对所有遗传病的检测。所以，他们还会问一个问题——我们做了所有的检测，为什么没有检测出来？

对于几乎每个患有常染色体隐性遗传病的孩子的父母来说，没有家族史，也没有任何风险预告。对于X染色体连锁遗传病，可能有的人有家族史，但通常情况下也没有。这意味着在生孩子之前，唯一能确定你是否是携带者的方法就是进行携带者筛查检测。在我职业生涯的大部分时间里，并没有这种针对大多数疾病和大多数人的检测。当我告诉父母们这种坏消息时，我起码可以看着他们的眼睛，对他们说他们不可能事先知道这种事情会发生在他们的孩子身上。

但现在，情况正在发生变化。

几年前，当大规模平行测序的价格逐渐降低的趋势越发明显的时候，我才开始认真考虑携带者筛查。在这方面，我远远落后于时代。

通常，身为某种隐性疾病的携带者无关紧要。它对你没有坏处，当然也没有好处。然而，也有例外情况，其中最广为人知的是疟疾和一系列影响红细胞的疾病。各种形式的疟疾寄生虫（来自疟原虫属的物种）有一个在人类和蚊子之间穿梭的生命周期。在人类体内，寄生虫会在红细胞中生活一段时间（红细胞被蚊子吃掉，蚊子随后感染其他人，以此类推）。有一种血液疾病，地中海贫血（thalassaemias），是携带氧气的血红蛋白出现了异常，所以含有血红蛋白的红细胞也异常。它们很脆弱，形成后不能在血液中维持很长时间；最坏的情况下，患这种病的孩子如果不定期输血，能活到三岁生日都算幸运了。

不过，对携带者来说，情况要好得多。它们轻度脆弱的红细胞能很好地将氧气输送到全身，通常这不会引起任何健康问题。但是从疟原虫的角度来看，那些轻度异常的细胞是个不舒适的居所。这在一定程度上让他们免受疟疾的影响，特别是免受最严重的疟疾的影响。疟疾仍然是一大杀手：根据正在进行的全球疾病负担研究（Global Burden of Disease study），在 2017 年 5600 万的死亡人口中，有 619827 人① 死于疟疾。降低了死于疟疾的风险，你就有机会活得更久，就有机会生孩子，并把你的基因遗传给下一代。这被称为选择压力（selective pressure）——如果带有某种基因变异的人更有可能成功繁衍后代，那么这种变异就会在人群中变得越来越普遍。

携带疟疾的蚊子喜欢热，或者至少是温暖的环境：开始尝试对其采取措施之前，人们发现疟疾向南可延伸至南纬32°，向北可至北纬64°，但它总是在赤道附近地区最集中，并在很大程度上一直如此。在疟疾发生或曾经发生过的地方，你可能会发现地中海贫血及其相关疾病的携带者比例非常高。这包括地中海沿岸的大多数国家——包括意大利、希腊和塞浦路斯。②

1955 年，意大利人艾达·比安科（Ida Bianco）和恩佐·西尔维斯特罗尼（Enzo Silvestroni）提出了预防性咨询（preventive counselling）的可能性：如果你发现一对夫妇是某种遗传病的携带者，你可以通过咨询劝说他们不要生孩子。刚从医学院毕业的乔治·斯塔马托扬诺普洛斯接受了这个挑战。1966 年，他前往希腊一个拥有 5000 人口的小村庄奥切门诺斯（Orchomenos），开始筛查镰状细胞病（一种地中海贫血的变种，在非洲很常见，但在其他一些地方也会出现，包括希腊的部分地区）。村庄里有很多携带者——将近四分之一的人都是。该村出生的婴儿中约有 1/100 受到影响。斯塔马托扬诺普洛斯建议未婚的携带者之间相互避开，

---

① 是的，这个数字精确得令人怀疑。如果你感兴趣的话，这里有更详细的数据：前三大杀手分别是心血管疾病，为 1780 万人；癌症，960 万人；呼吸系统疾病，390 万人。疟疾导致的死亡人数超过了许多其他原因，包括谋杀（405346）、溺水（295210）、恐怖主义（26445）、自然灾害（9603）。那一年，每有 1 人死于恐怖袭击，就相当于有 23 人死于疟疾，其中大部分是小孩子。这就是为什么你看的报纸头版总是关于疟疾灾难的报道。你的报纸不是吗？不知为何，我的也不是。
② 你可能会认为，既然有两个错误基因的拷贝就会导致致命的地中海贫血，这种基因就不会在人群中变得普遍。但事实上，如果 10 人中有 1 人是携带者，那么在 100 对夫妇中，只有 1 对的双方都是携带者（1/10×1/10），而每 400 个孩子中，只有 1 个会患上地中海贫血（1/10×1/10×1/4）。如果携带者能够受益，1/10 的人都能够受益，只有 1/400 的人会受到负面影响。

选择非携带者结婚，但回到村庄时，他发现人们对他的建议置若罔闻。从这个意义上说，这项努力并没有成功，但尝试了第一次为生殖目的进行的携带者筛查，并了解了许多情况。1971 年，当世界卫生组织邀请斯塔马托扬诺普洛斯访问塞浦路斯，并就该岛的地中海贫血问题提供咨询意见时，他做好了充分的准备。

塞浦路斯的情况与奥切门诺斯的情况并无不同，尽管它是一个国家，而不是一个村庄。塞浦路斯人中地中海贫血携带者出现率和患病婴儿的出现率仅略低于奥切门诺斯的镰状细胞病，对人们的生活和卫生系统的影响相当大。首都尼科西亚血库的一半被用于维持地中海贫血患者的生存，而在十年中，卫生部整个预算的 6% 都被用于一种名为去铁敏（desferrioxamine）的药物，治疗那些因为频繁输血导致体内铁含量严重超标的人。

人们耗去 20 世纪 70 年代的大部分时间，才弄清楚如何最好地进行携带者筛查，并使其充分发挥作用。早期劝说携带者不要与携带者结婚的努力在塞浦路斯和希腊都没有成功。到 1977 年，产前诊断已成为可能，医生的注意力开始集中于对育龄人群的检查，以便向他们提供可以考虑的行动信息。这得到了塞浦路斯教会的大力支持，因为他们认识到，由于产前检查而终止妊娠的情况减少了。在那之前，许多知道自己有 1/4 的机会生下患病孩子的人都选择了终止妊娠，而不是去冒这个险。对这些夫妇来说，产前诊断意味着 3/4 的妊娠能够被证明是正常的，从而可以继续下去。

1979 年，预计会在塞浦路斯出生的患病婴儿的人数（根据历史数字判断）为 77 人，而实际出生的只有 18 人。如果能够选择，夫妇们会选择采取终止妊娠的措施，而不是生下患病的孩子。

自那以后的几十年里，携带者筛查的故事一直成败参半，而且大多进展缓慢，直到最近才流行起来。针对地中海贫血和相关疾病的携带者筛查在世界上许多国家都很便宜，而且通常相当有效。还有一些针对其他疾病的筛查。

在这方面，以色列是公认的世界领先者。有一些隐性疾病在犹太血统的人中更常见，特别是德系犹太人（那些祖先可以追溯到中欧的犹太人）。其中最臭名昭著的是泰-萨克斯病（Tay-Sachs disease），一种影响大脑的溶酶体贮积病。在传统类型的泰-萨克斯病中，大多数患儿活不到四岁。世界各地都有社区主导的针对犹太人的筛查项目，但在以色列，卫生部会向计划怀孕或怀孕初期的每个人提供免费筛查。这些都是定向的，都有非常精细的细节。首先有一个推荐给大多数人的基因列表，然后根据血统推荐不同的项目——德系犹太人、北非血统的犹太人（除了摩洛哥）、摩洛哥血统的犹太人等；还有来自其他人群的，如针对内盖夫地区贝都因人的特定筛查清单。

在世界上的大多数地方，要想接受携带者筛查，你需要两样不是每个人都拥有的东西：信息和金钱。你需要知道这些检测存在，并且有能力支付这些检测的费用（或者有医疗保险来支付这些费用）。

目前可实现的检测已从仅三种疾病覆盖到多达数百种疾病。这里的"三种疾病"通常指的是我们已经讨论过的脊髓性肌萎缩症，还有囊性纤维化（cystic fibrosis，CF）和脆性 X 染色体综合征。囊性纤维化是一种复杂的情况，病人身体的分泌物比正常情况下更多。这可能听起来不是那么糟糕，但它事实上是糟糕的——如果不进行治疗，这种病会由于胰腺分泌功能不良而导致儿童出现进行性的严重肺部感染和严重营养不良。过去，大多数患儿无法活到成年。现代治疗手段对这种情况有很大的改善，极大地提高了患儿的预期寿命，但给儿童和家庭带来了负担。脆性 X 染色体综合征是智力障碍的常见原因。如果有人提供数百种遗传病的筛查，其中几乎总会包含这三种疾病。

这条消息震惊了瑞秋和乔纳森。如果他们知道脊髓性肌萎缩症携带者筛查，很容易就能在怀孕前发现自己是携带者——这为他们提供了选择，包括植入前基因检测和产前诊断。他们成了携带者筛查的有力倡导者，从写信给澳大利亚联邦议会的每一位议员，以及新南威尔士州的政治家开始，他们还会见了州卫生部部长、联邦卫生部副部长，最后会见了联邦卫生部部长格雷格·亨特（Greg Hunt）。

巧合的是，就在卡塞拉夫妇开始倡导携带者筛查的同时，一群研究人员也在和政府讨论同样的话题。国际知名肌肉疾病遗传学专家奈杰尔·莱恩多年来一直主张进行携带者筛查。2016 年底，他召集了对此感兴趣的澳大利亚医生和科学家开会。我参加了会议，并谈到了我领导的一些研究——关于有血缘关系的夫妇的筛查。因为有血缘关系的人有着相同的基因，所以这样的夫妇比那些没有血缘关系的夫妇有更高的概率生下患有遗传病的孩子。我们发现，使用一个非常大的基因组合（约占外显子组的四分之一）进行筛查，在这样的夫妇中效果很好，也能为他们所接受。

多亏了奈杰尔的领导，在 2017 年成立了一个由携带者筛查研究人员组成的澳大利亚核心团队。当时，我不得不在 10 天内向两对父母传达可怕的消息，那次经历促使我去接触这个团队，我们决定一起写信给联邦卫生部门，告诉他们这是一个需要关注的领域。

随后在堪培拉举行了一系列会议。卫生部原则上支持一个试点项目，但没有具体的方案。当时我们还不知道，我们有一个秘密武器：卡塞拉夫妇。麦肯齐的神经科医生米歇尔·法勒（Michelle Farrar）把我介绍给了瑞秋和乔纳森，他们安排我们在那个房间里与亨特部长会面。卡塞拉夫妇谈到了麦肯齐的生活和他们失去她的痛苦。他们敦促推广携带者筛查。显然，部长被他们的故事深深打动了，房间里的每个人都是如此。亨特已经是基因组医学研究的坚定支持者，他承诺会采取行动，而且说到做到。政府承诺向一个研究项目投入 2000 万美元，该项目旨在确定如何最好地在澳大利亚引入携带者筛查，其目标是让任何希望接受筛查的夫妇都可以免费检测。这个项目被亨特命名为"麦肯齐的使命"。

我与奈杰尔·莱恩和来自维多利亚的马丁·德拉蒂奇（Martin Delatycki）共同领导了这项研究 ①。德拉蒂奇长期倡导遗传病筛查。我们计划在研究过程中对 1 万对夫妇进行筛查，对携带者筛查的各个方面进行研究。你可能会认为，对于这样一个简单的概念，剩下的问题已经不

---

① 与马丁、奈杰尔以及无数参与这一项目的人共事是一段美好的经历。似乎大家都愿意为"麦肯齐的使命"出一份力。

多了，但令人惊讶的是，关于如何最好地进行筛查，仍有许多细节有待解决。

项目第一年的主要任务是确定我们到底应该筛查什么。这似乎很简单——不就是选择那些严重的遗传病进行筛查吗？但这看似简单的选择又带来了困难。你所谓"严重"到底指什么呢？对于许多遗传病而言，这容易判断。难以梳理的毛发也是一种常染色体隐性遗传病[①]，但鲜少有人会认为这种病严重到需要进行筛查。这些信息对大多数人没有用处——当然，不太可能有很多人会因此改变他们的生育决定。在另一个极端，像泰-萨克斯病这样的致命遗传病判断起来也很简单。几乎所有认为筛查是一个好主意的人都会把它包含在内。但有许多遗传病处于灰色地带，有些人可能认为它们已经足够严重，而另一些人则不。以耳聋为例，大多数商业筛查检测至少包括一种形式的耳聋，但这到底有多严重呢？一些人认为这根本不应该被视为一种"疾病"——有人认为治疗耳聋是一种文化灭绝，因为它可能会消除聋人群体和他们的语言。

对于"麦肯齐的使命"，我们决定，如果某种遗传病会导致童年时期就出现健康问题，而且如果不接受治疗（或者治疗代价非常高昂），症状会变得严重，可能会致残甚至缩短寿命，而且对于一般的澳大利亚夫妇而言，他们会采取措施，避免生下患有这种病的孩子——符合以上标准，我们就会将这种病的基因纳入携带者筛查的检测范围。经过反复讨论，我们得出了结论，耳聋不符合这些标准，我们也没有将任何导致单纯性耳聋[②]的基因纳入其中。然而我们认为，在筛选计划中应包括哪些基因，以及在何处划定界限等问题值得进一步研究，我们希望在项目过程中回答的一个问题是：澳大利亚人作为一个群体，是否同意我们拥有这项权利？

最终的基因列表比我们预期的要长得多——1300 个基因及与其相关

---

① 虽说我没有这种遗传病，但我也有这种困扰，因而也在接受治疗——就像很多我这个年龄的男性一样。

② 即耳聋是唯一的症状表现。耳聋也可能是综合征的一部分，与其他各种症状一同出现。

的 700 多种疾病。基因的数量比疾病多，因为很多疾病都是由多种不同基因的变异引起的。当然，其中很多非常罕见，对于大多数遗传病而言，在我们筛查的 10 000 对夫妇中，没有哪对夫妇有 25% 的概率生下患病的孩子。

其他一些我们需要回答的问题相当简单。例如，10 000 对夫妇中有多少会被确定为其中一种疾病的携带者？这个很简单，但很重要——如果你想要计划一个全民筛查项目，你需要知道哪些资源有用，这是一个关键的信息。一个同样实用的问题是：筛查是否具有成本效益？考虑到遗传病对人类的影响，这似乎有些冷酷无情，但是，如果政府要为筛查买单，它需要知道自己是否负担得起，所以卫生经济学家是我们团队的重要成员。其他问题更复杂：做这种筛查的伦理含义是什么？我们怎样才能设计出一个趋利避害的项目？我们如何将我们得出的研究证据尽可能高效地应用于医疗实践？[①] 诸如此类。

没有完美的筛查项目。在识别哪些人患有遗传病或携带遗传病致病基因时，我们的知识总是存在缺口，能力也会受到限制。不过，我仍充满信心。我希望在几年内，我们将能够为所有渴望接受筛查的人提供这一选择。我希望许多人会选择接受筛查，虽然大多数人会得到宽慰的消息，但对于那些检测出有很高概率会生下患病孩子的人来说，这些信息将大有裨益。

最为重要的是，我希望随着时间的推移，我可以减少与年轻夫妇的会面，让那么多年轻父母不用听到关于他们孩子的坏消息。

遗传学领域有很多值得乐观和兴奋的事情。目前为止，这本书讲述的都是遗传学的过去和现在，以及它如何影响人们的生活。那么未来呢？

---

① 这是一门叫作实施科学（implementation science）的新兴学科。

第十二章 未来已至，何去何从

抱怨我们所处的时代，抱怨当权者，哀叹过去，憧憬未来，这些都是大部分人的共同倾向。

——埃德蒙·伯克 [①]

[①] 埃德蒙·伯克（Edmund Burke，1729—1797），爱尔兰政治家、作家、哲学家，代表作包括《为自然社会辩护》（*A Vindication of Natural Society*）、《对法国大革命的反思》（*Reflections on the Revolution in France*）等。——译者注

　　在我工作的实验室里，与我办公室一墙之隔的房间里放着一台非凡的仪器。它便是每年能为6000人进行基因组测序的NovaSeq 6000测序仪，制造商是因美纳（Illumina）公司。在此之前，该公司生产的测序仪都酷似科幻电影中的道具。然而，NovaSeq系列测序仪的外观却一改过去科技感十足的设计风格，看起来像极了一台巨大的洗衣机。个中道理，不言而喻——只要你足够强大，外观都是浮云。

　　这一台机器每年就能完成6000份基因组的测序，而它还只是众多测序仪中的一台——仅在新南威尔士州就还有3台这样的测序仪，把范围扩展至全世界，这一数量可能多达数百甚至数千。这不禁让我想起自己刚开始遗传学生涯的时候，那时的我们甚至都没有测序过一个完整的人类基因组。当时我怎么也不会想到，有一天，我会离一台这样强大的仪器仅几米之遥。

　　这也就意味着，我对未来20年，甚至是未来5年所做的任何预测都不一定准确，但有一些事确凿无疑。

　　首先，测序技术会变得愈发强大、便宜、快捷。10年后，NovaSeq 6000将变得一无是处，使用它们的实验室寥寥无几。在未来几年的某个时候，全基因组测序的成本将大幅降低，外显子组测序的意义也将荡然无存。正如我们在第十章中所看到的，我们有时对人类基因组全部23000个基因进行测序，仅仅是为了获取一两个基因的信息，此外，全基因组测序也很可能取代我们当前所做的针对特定基因变异的检测。有一天，如果我们想要获取某个人DNA中一个碱基的信息，我们甚至可以读取全部30亿个碱基对，而只查看我们感兴趣的那个位置，这也不无可能。

其次,基因检测将变得越来越普遍。外显子组测序已经从一种特殊的、极其昂贵的独属于临床遗传学家们的专利,变成一项各科专家都可以利用的常规检测手段。这一检测的普及之快从我同事的态度转变中也可见一斑。在短短几年时间里,他们对这一检测的反应已经从最开始的"哇,我的病人要接受外显子组测序了",转变为"为什么这个外显子组测序的结果这么长时间还不出来"。我们将为病人做愈来愈复杂的检测,而且速度会更快。有一个词很贴切地描述了罕见遗传病的确诊之难(如果能确诊的话):诊断奥德赛(diagnostic odyssey)。这期间,患者要做各种各样的检测、一次又一次看医生、经历年复一年的沮丧与彷徨……现如今,一旦我们觉得确有需要,就可以立即为患者做外显子组测序,省去一切不必要的麻烦。遗传病诊断奥德赛的时代很快就将一去不复返了。

随着更好更快的基因测序技术的日益普及,它的适用范围也将随之扩大。目前,已经有研究人员在开展癌症基因组测序相关的大型研究项目,旨在寻找可能对特定治疗手段有所反应的基因突变。所谓"精准医学"(precision medicine)就是用来描述这种利用基因检测为患者量身打造符合其基因构成的治疗方案的全新医疗理念(无论是针对癌症还是其他疾病)。这个术语本身是一个没有意义的流行词,因为它忽略了太多已经发生的事情。我想说的是,通过新生儿筛查诊断出一个患有苯丙酮尿症的孩子,然后对症下药进行精准治疗,让这种疾病对他的影响最小化,这就是名副其实的"精准医学"。如果你感染了某种细菌,实验室通过检测这种细菌,找到对它最为有效的抗生素……这似乎也挺精准。所以我更倾向于用"医学"一词来描述新进展。医学会变得越来越好,与遗传学的联系也会愈发紧密。也许有一天,我们甚至会达到这样一种境界:全科医生在将病人转给专科医生之前,会先为其安排全基因组测序。

这又引出了一个一时难以解答的问题:基因检测结果的解读。外显子组测序最难的部分已不是生成数据,而是理解这些数据背后的含义。毫无疑问,随着时间的推移,我们会有所进步,但你的医生能够将你的血液样本送去做外显子组测序,并不意味着他一定能够从中获取有用信息、为你提供更好的治疗。正如我们所见,大多数人类疾病在某种程度上都是遗传的，但复杂的疾病很难从单个患者的基因组中解读出有用信息。即使我们将目光锁定在某个与一种特定遗传病相关的已知基因上，要确定所发现的变异是否就是导致疾病的根源，也是一大挑战。如果有公司主动提出为你做全基因组测序，并试图从中解读出某种信息，可指导你做出关于健康的重大决策，你可要擦亮眼睛，因为他们可能做出自己力所不能及的承诺。

话虽如此，遗传病的治疗手段依然会变得越来越常见、越来越有效，这点毋庸置疑。其中一些将成为治愈良方，但大多数疗法的价格仍会让人望而却步。

不论技术如何进步，治疗方法是否近在眼前，也不论我们以多快的速度积累知识，将多少不确定性转化为自信——人类遗传学的基本性质不会改变。它一直是也将永远是关于人的遗传学。放眼未来，人类遗传学讲述的故事，与过去和现在并不会有太大区别——永远是关于人的故事，就像这本书中每一位主人公那样的人的故事。为新发现而激动万分的科学家；耐心地收集关于一种罕见疾病的知识的医生；患有综合征的孩子的成长和生活方式由其基因决定，甚至所受的影响比其他人更大；还有孩子的父母：爱着，悲伤着，学习着，希望着。这种故事总是，而且只与人有关。

最后的最后，是我最喜欢的预测：在未来的几年里，完全出乎意料的变化将在遗传学领域上演。至于它们究竟是什么，我完全没有概念，但我已经迫不及待地想知道接下来会发生什么了。

术语表

羊膜腔穿刺术（amniocentesis）：一种产前诊断检查。这种检查在超声波的引导下进行，通常在妊娠 15—16 周左右，有时也可能会早一点或晚很多。穿刺时一根长针穿过孕妇的腹壁和子宫壁，抽取出羊水样本。羊水是充满于羊膜腔内的液体，胎儿则漂浮其中。羊水中含有来自胎儿的细胞。如今，大多数羊水检查都以 DNA 检查为目的，包括从其中的胎儿细胞中直接提取 DNA，或在实验室中培养这些细胞，然后提取 DNA。之后还可以对这些细胞进行染色体检查或其他遗传病的检测。此外，传统染色体分析也可以直接在细胞水平上进行（在显微镜下观察染色体），这样的检测还有很多。生化检测就是一个很好的例子，我们既可以对细胞进行生化检测，也可以对羊水本身进行检测。不过，诸如此类的检测方式现在用得越来越少了。

常染色体显性遗传（autosomal dominant）：常染色体（人类基因组第 1-22 号染色体）上的单个基因发生突变即可导致遗传病的一种遗传方式。你可以把这看作是该基因的异常拷贝占了上风，"支配"了另一个正常拷贝。一个患有常染色体显性遗传病的人有 1/2 的概率把这种病遗传给他或她的每个孩子。此外，常染色体显性遗传病的男女发病机会通常均等，但有时也会出现性别倾向性。例如，引起家族性乳腺癌和卵巢癌的 BRCA1 或 BRCA2 基因变异确实会增加男性罹患某些癌症（包括乳腺癌）的风险，但主要影响的还是女性。同一种显性遗传病的患者的临床表现往往具有较大差异，即便是来自同一家族、携带相同基因变异的患者也是如此。

常染色体隐性遗传（autosomal recessive）：常染色体上一个基因的两个拷贝都发生突变才会导致遗传病的一种遗传方式。如果一个人患有某种常染色体隐性遗传病，几乎可以肯定他或她的父母均是该病致病基因的携带者，即他们该基因的两个拷贝中有一个正常，另一个则异常。在一些非常罕见的情况下，父母中的一方并不是携带者（或者理论上说，甚至可能父母双方都不是携带者），但孩子仍会患病。例如，由非携带者的父母遗传的基因可能会发生新突变。这种情况在大多数基因中都很少发生，但也有例外。脊髓性肌萎缩症是这样一种遗传病。尽管非常罕见，但我们有时的确会碰到患儿的父母中只有一方是携带者的情况。几乎每个人都是一种到几种常染色体隐性遗传病致病基因的携带者。这几乎不会对携带者的健康造成影响，尽管也有少数例外情况。

常染色体（autosome）：除 X 染色体和 Y 染色体以外的所有染色体。人类基因组第 1—22 号染色体均为常染色体。

着丝粒（centromere）：染色体的一部分。位于染色体的"腰部"，但有时也可能位于染色体的末端（这种染色体叫作近端着丝粒染色体）。着丝粒在细胞分裂过程中扮演了重要角色。

通道（channel）：细胞膜上覆盖了一层单体蛋白质或蛋白质复合物，这些蛋白质就是细胞膜进行物质交换的通道。一些重要的物质，如钾离子，可以通过这些通道进出细胞膜。物质的跨膜运输有时是主动的，有时也可能是被动的。细胞膜上这些通道对维持细胞内外渗透压、调节细胞膜电活动发挥了重要作用。

绒毛膜绒毛取样术（Chorionic villus sampling, CVS）：一种提取胎盘绒毛膜绒毛进行检测的产前诊断方法。这一检查通常于妊娠后第 11—12 周进行。在超声引导下，用穿刺针经孕妇腹部或使用易弯曲的导管经宫颈送入胎盘，吸取少许绒毛样本进行检测。这种检测的原理是，胚胎和胎盘由两种不同细胞发育而成，这是胚胎发育早期细胞分化的产物，但它们最初都由同一种细胞分化而来，有着相同的基因组成，因而胎盘的基因检测结果通常能准确反映胚胎基因的情况。但有的变异（特别是染色体异常）可能发生在分化之后，如果是这种情况，绒毛膜绒毛取样术检测结果一般会显示明显的染色体镶嵌。如果这种镶嵌仅存在于胎盘中，就叫作胎盘特异性嵌合体（confined placental mosaicism）。通常，这是无害的，但偶尔也可能对胎盘的功能产生影响。这意味着如果在绒毛膜绒毛取样术中发现了这种染色体异常，我们通常还需要再做一次羊膜腔穿刺术来判断它们的有害性。

染色体（chromosome）：染色体存在于细胞核中，是由很长的 DNA 链紧密卷绕在一种被称为组蛋白的蛋白质周围形成的线状结构。人类基因组由 23 对染色体组成（对于大多数人而言），你体内的每一对染色体都分别继承自你的父亲和母亲。这 23 对染色体依次被编为第 1—22 号染色体（常染色体）以及 X、Y 染色体（性染色体）。如果你体内有染色体的缺失或增添，就意味着你的基因拷贝存在缺失或增添，这可能会引发染色体相关疾病。

编码（coding）：编码 DNA 可以被翻译成蛋白质，非编码 DNA 则不然。一个基因中编码的部分被称为外显子，不编码的部分被称为内含子。此外，在外显子的前后还有调控序列（基因 5'端和 3'端的非翻译区）。非编码 DNA 仍可以被转录，合成调节性 RNA。这些 RNA 分子功能各异，如参与基因活化、行为调控等。

新生突变（de novo mutation）：存在于孩子体内，却不存在于父母任意一方中，即新产生的 DNA 突变。

DNA：脱氧核糖核酸——构成生命的基本物质。DNA 由一长串碱基组成：腺嘌呤（A）、胞嘧啶（T）、鸟嘌呤（G）和胸腺嘧啶（T）。它们都以一种叫作脱氧核糖的糖为骨架，脱氧核糖和磷酸交替连接构成了 DNA 的链条。两条 DNA 长链盘旋成双螺旋结构，两条链上的碱基通过氢键连接成碱基对：C 与 G 配对（通过 3 个氢键连接），A 与 T 配对（通过 2 个氢键连接）。

显性（dominant）：见"常染色体显性遗传"。

酶（enzyme）：一种有催化作用的蛋白质——能够加快化学反应的速度。我们的一切生命活动都离不开各种酶的催化作用。

外显子（exon）：基因中被翻译成蛋白质的部分。

基因（gene）：基因可以被视作下达给细胞的一套指令，告诉它如何制造蛋白质。基因是有遗传效应的 DNA 片段，具有特定的结构——调控序列（有的可能离基因本身很远，有的就位于基因编码区的上游和下游）、外显子和内含子。外显子是被翻译成蛋白质的那部分基因。内含子位于外显子之间，它们不被翻译，但是可以被转录——合成调节性 DNA，在调控基因行为等方面发挥作用。有一些单外显子基因不包含内含子。还有一些 RNA 基因可以转录成 RNA，但不会被翻译成蛋白质。

基因组（genome）：生物体所有遗传物质的总和。每一种生物都有自己的基因组。

全基因组关联分析（Genome-wide association study, GWAS）：一种旨在寻找影响人类性状的基因变异的遗传学研究方法。大量已知受到某种疾病影响或有某些已知问题（如血压）的人，都会检测全基因组成千上万种基因变异，来寻找某种基因变异与某一特定性状间的关联。

生殖腺嵌合（gonadal mosaicism）：发生在生殖腺（卵巢与睾丸）中的嵌合。

人类基因组计划（Human Genome Project, 人类基因组计划）：完成完整人类基因组测序的伟大工程。

内含子（intron）：基因中位于外显子之间、不被翻译成蛋白质的部分。

溶酶体（lysosome）：一种负责回收和处理细胞中的废物的细胞器。如果溶酶体中的任意一种酶功能异常，它负责处理的物质就会在溶酶体中积聚，对人体产生危害。

线粒体（mitochondria）：线粒体有很多不同功能，但最重要的还是氧化代谢消化的食物（碳水化合物和脂肪），以产生细胞各项生命活动所需的能量。

嵌合体 / 镶嵌现象（mosaic/mosaicism）：如果一种基因变异只存在于一部分细胞中，其他细胞中没有，这一现象就叫作镶嵌现象。它既可以发生在一整条染色体上，也可以只发生在 DNA 的一个碱基中。从某种程度上说，你我都是嵌合体，因为细胞分裂时出错在所难免。只有某一组织中的很大一部分细胞都携带某种变异时，这种镶嵌现象才可能引发疾病。

突变（mutation）：见"变异"。

非编码（non-coding）：不被翻译成蛋白质的 DNA 即为非编码 DNA。更多信息详见"编码"。

植入前基因检测（pre-implantation genetic testing, PGT）：也称植入前遗传学诊断（pre-implantation genetic diagnosis, PGD）。这一检测首先要借助体外受精技术获得胚胎，再对胚胎进行某种遗传病的基因检测，如单基因遗传病或染色体异常，其目的就是确保最终移植的胚胎不患有这种遗传病。

蛋白质（protein）：蛋白质就相当于人体语言中的动词，细胞有任何需要都要喊蛋白质来帮忙。蛋白质可以是机器——你肌肉的力量就是一组蛋白质相互作用的结果。蛋白质可以是泵——细胞膜通道的本质是蛋白质或蛋白质复合体。蛋白质可以是工厂——制造新蛋白质的机制包括许多蛋白质。线粒体之所以能将食物转化为能量，也离不开多种蛋白质。酶也是一种蛋白质。除此之外，蛋白质还是重要的结构物质。例如，让你的身体成为一个整体的胶原是蛋白质。蛋白质由 20 种不同的氨基酸组成（还有罕见的第 21 种氨基酸，硒半胱氨酸）。要制造一种蛋白质，基因须被转录（见"转录"）成一种叫作信使 RNA 的 RNA。内含子被剪掉（这个过程叫作剪接）以合成一个成熟的信使 RNA。下一步就是翻译，一种叫作核糖体的结构会读取信使 RNA 中的遗传密码，并为合成中的肽链中添加新的氨基酸。之后，许多蛋白质还要经过进一步的修饰——剪切、加入功能团（如糖基化）、改变氨基酸性质等等。这样，蛋白质才能真正发挥功能。

参考序列（reference sequence）：生物的"标准"DNA 序列。人类基因组的参考序列已经经过了无数次更新——填补空白、纠正错误。这份参考序列所参考的数据来自很多人，他们都没有留下名字，因此这一序列不代表任何一个人。它也不是"正确"的序列，虽然对基因组中的绝大多数区域来说，它确实代表了最为常见的情况。如果参考序列某个特定位置是碱基 C，很可能大多数人基因组中的同一位置也是 C。

RNA：核糖核酸。RNA 的化学性质与 DNA 十分相似，除了两点：首先，RNA 所含的糖是核糖，而非脱氧核糖；其次，有一个碱基的种类不同，RNA 不含胸腺嘧啶，取而代之的是尿嘧啶。RNA 有许多不同的功能，还以多种不同形式存在于人体内，其中包括：信使 RNA，对读取 DNA

信息和制造蛋白质功不可没；核糖体 RNA，是核糖体的一部分，是读取信使 RNA 中的遗传信息并合成蛋白质的结构；还有从微 RNA 到长非编码 RNA 的许多大小和功能各异的信号分子。

序列 / 测序（sequence）：这个词既可以用作名词——DNA 序列就是碱基的顺序——也可以作动词。"测序"一个基因就是读取它的序列，目的要么是了解它是什么，要么就是医学上的应用，即将它与参考序列进行比较，看其中是否有可能引起疾病的变异。

性染色体（sex chromosomes）：X 和 Y 染色体被称为性染色体，因为它们对性别的决定至关重要。通常情况下，女性体内有两条 X 染色体，男性则是 X、Y 染色体各一条。

脊髓性肌萎缩（Spinal muscular atrophy, SMA）：一种常染色体隐性遗传的神经退行性疾病，由脊髓中控制肌肉收缩的神经发生变性导致。脊髓性肌萎缩症的病情严重程度差异很大——最常见的类型如果不接受治疗，在婴儿期是致命的，但也有一些发病较晚的情况。

剪接（splicing）：去除信使 RNA 内含子的过程，是生成可被翻译的成熟信使 RNA 的修饰过程的一部分。许多基因可以进行可变剪接（一些外显子可以被剪切掉，也可以被保留），这样同一基因就可以负责产生多种不同的蛋白质。

端粒（telomere）：染色体末端的保护帽。

转录（transcription）：遗传信息由 DNA 流向 RNA 的过程。所形成的信使 RNA 经过包括去除内含子在内的修饰过程，变为成熟的信使 RNA。这些信使 RNA 之后就会被翻译成蛋白质。

翻译（translation）：读取信使 RNA 中的遗传密码，生成特定氨基酸序列的过程。

三（染色）体性（trisomy）：一种染色体异常，指某一染色体有三条，而非正常的两条。第 21 号染色体三体会引发唐氏综合征。

变异（variant）：与参考序列相比的任何不同都统称为变异。它们既包括基因的变异，也包括发生在基因之间的变异。在一个基因内部，变异可能产生不同的影响。例如，它可能会改变外显子中的 DNA 序列，但不影响其合成的蛋白质（因为编码序列存在重复）。有时，这种序列的改变会引起氨基酸种类的改变，或者引入终止密码子，导致蛋白质合成终止。变异对人的影响也不尽相同。很多变异不会造成危害（无害变异），一些变异则会损害基因，进而可能导致疾病（致病变异）。还有一些变异，我们并不确定它们会产生何种影响（意义不明的变异）。事实上，"突变"（mutation）一词的意义与"变异"相同，但长期以来人们都将它与致病性联系在一起，因此这一术语已慢慢"失宠"。对变异进行分类是现代遗传学面临的主要挑战之一，遗传学界甚至有"对 1 000 美元做的检测进行解读要花 10 000 美元"的说法。

X- 连锁（X-linked）：致病变异基因位于 X 染色体上，随 X 染色体传递的一种特殊遗传模式。通常情况下，男性更易患 X 连锁遗传病，且症状更为严重。女性也可能患病，但症状一般较轻，有时可能没有症状。如果一个患有 X 连锁遗传病的男性有孩子，他的所有女儿都将继承他的 X 染色体（所以她们是女孩），成为这种致病基因的携带者（也可能会发病）；而他的所有儿子都会继承他的 Y 染色体（所以他们是男孩），因为不会患病，也无法将这种疾病传递下去。还有一些 X 连锁遗传病实际上只有女性才会发病，因为导致这些疾病的基因变异对只有一条 X 染色体的男性是致命的，他们可能根本无法出生。

附录

本部分旨在补充更多细节，提供信息来源与参考文献，尽管引用的参考文献可能达不到一篇科学论文的水平。

序 言

"遗传学带我游览了一些意想不到的地方"：因为这并不是一本关于我的书，所以我没有找到合适的机会在正文部分对此详述。

那间满是老鼠的地下室其实是悉尼大学兽医学院的小鼠实验室，在读博士期间，我有很长一段时间都在那里度过。

我去巴基斯坦是为了参加探索频道一档电视节目的录制。这个节目并不算火，所以我建议你不要在网上搜索。不过，借着录节目的契机，我也有难得的机会在拉合尔度过一段特别的时光。在那里，我游览了宏伟的巴德夏希清真寺，它是莫卧儿建筑的杰作，也许是我见过的最美丽的建筑。

在巴德夏希清真寺，我只是一名游客，但我前往位于西悉尼的另一座清真寺却是以完全不同的身份。当时，我们正在筹备一项关于对近亲结婚夫妇（第十一章里提到过）进行携带者筛查的研究。在世界的很多地区都有表亲婚姻（主要是表亲，但在一些地区也有叔叔与侄女结婚的情况）的文化，包括中东的很多地区，尽管这一习俗与宗教并没有特别的联系——例如，表亲婚姻在黎巴嫩的基督教徒中很常见——但伊斯兰教在这些地区占据主导地位，而且我们在正式开展研究前要与相关宗教及当地其他社区领袖商议，这一点很重要。筹备研究期间，我与我的朋友兼合作者克里斯汀·巴洛-斯特瓦特一起拜访了当地的一座大清真寺。

还有一座清真寺是我自己去的，在那里我遇到了一位拥有两个博士学位的伊玛目——可能是我见过的学历最高的人，也是一位友善而体贴的主人。事非经过不知难，以我自己读博士的体会，我有些难以理解竟有人愿意攻读第二个博士学位。

比你想的简单

"DNA 是一种化学物质"：如果你感兴趣的话，这里是一些化学细节。构成 DNA 的四种核碱基或碱基是腺嘌呤、胞嘧啶、鸟嘌呤和胸腺嘧啶（A、C、G、T）。DNA 是脱氧核糖核酸（deoxyribonucleic acid）的缩写。DNA 的每一个碱基要么是单环化合物（C、T），要么是双环化合物（A、G），并与一种称为脱氧核糖的糖以及一个磷酸相连。碱基、糖、磷酸三者结合在一起就被称为核苷酸。每个核苷酸从糖连接到磷酸，形成一条长链；当碱基的单环和双环在氢键的作用下结合在一起，就形成了双螺旋。C 与 G 之间通过三个氢键相连；A 与 T 之间则通过两个氢键相连——所以有很多 C 和 G 的地方，双螺旋就更紧密、更难分离。还有一个重要的碱基，尿嘧啶，它在 RNA（核糖核酸，构成它的糖与 DNA 略有不同）中代替胸腺嘧啶而存在。这听起来很复杂，但其实都是细节，最为核心的无非是："DNA 是一种含有信息的化学物质……这种信息是用 A、C、G、T 四个字母写成的。"

"DNA 的语言只有 21 个单词"：好吧——可能稍微多一点。首先，拼写这 21 个单词的方法实际上有 64 种（第一个字母有 4 种可能，乘以第二个字母的 4 种可能，再乘以第三个字母的 4 种可能）。这意味着大部分单词都有多种拼写方式——就像 "kat"（猫）曾是 "cat" 的一种经常使用的拼写方式那样。9 种氨基酸有 2 个 DNA 密码子；1 种氨基酸有 3 个；还有 8 种氨基酸有 4 个 DNA 密码子。只有两种氨基酸——甲硫氨酸（methionine）和色氨酸（tryptophan）——有独一无二的 DNA 密码。编码"终止"指令的方式有三种——TAA、TAG 和 TGA。ATG 编码的是甲硫氨酸，但它也可以编码"开始"指令。这套语言中还有第 21 个单词——硒代半胱氨酸（selenocysteine）。半胱氨酸含有一个硫原子，但在硒代半胱氨酸中，它被硒所取代。如果你体内有足够的硒，那么 TGA 可能意味着"在这里放一个硒代半胱氨酸"而不是"终止"。人体内约有 50 种蛋白质含有硒代半胱氨酸，虽然数量不多，但都至关重要。其实，硒代半胱氨酸的发现时间比其他氨基酸晚得多，是美国生物化学家特蕾莎·斯塔特曼（Thressa Stadtman）在 20 世纪 70 年代发现的。

不过老实说，上述所有内容都只是些细枝末节而已，没有在第一章的基础上增加什么概念性的内容。

"这场角逐的最终赢家是徐立之"：这是一场激烈的国际角逐。徐立之当时在多伦多开展研究，这项研究是与美国的弗朗西斯·柯林斯等人合作完成的。徐立之和鲁斯兰·多夫曼（Ruslan Dorfman）一起写了一篇名为《囊性纤维化基因：分子遗传学视角》（*The Cystic Fibrosis Gene: a molecular genetic perspective*）的文章，先描述了该基因的发现，然后详细介绍了这种基因的结构——整篇文章读起来有点像"你想知道但又不敢问的关于 CFTR 的一切"。它的专业性有点强，不过你如果感兴趣的话，可以在 www.ncbi.nlm.nih.gov/pmc/articles/PMC3552342/ 上免费获取这篇文章。

爱德华兹综合征：关于这种病的描述最早发表于《柳叶刀》。参见 Edwards, J.H. et al. "A New Trisomic Syndrome". The Lancet 1960;1:787–90，但现在的期刊卷号变成了：The Lancet 1960;275:787–90。《柳叶刀》医学杂志创刊于 1823 年，它的卷号变化向来都令人费解。

DNA 晚宴

"宣布人类基因组计划草图绘制完成"：橡树岭国家实验室（Oak Ridge National Laboratory）的网站（www.ornl.gov）上有一些很好的

关于人类基因组计划的文献材料——一份关于人类基因组计划的完整档案。例如，2000 年 6 月 25 日白宫记者会的文字记录: web.ornl.gov/sci/techresources/Human_Genome/project/clinton1.shtml

这个网站绝对值得仔细浏览。

"一份较为完善的工作草图": 参见 International Human Genome Sequencing Consortium. "Initial Sequencing and Analysis of the Human Genome". *Nature* 2001;409:860–921

同时参见 Venter, J.C. et al. "The Sequence of the Human Genome". *Science* 2001;291:1,304–51

"仍有 341 个裂口": 参见 International Human Genome Sequencing Consortium. "Finishing the Euchromatic Sequence of the Human Genome". *Nature* 2004;431:931–45

"由加州大学圣克鲁兹分校创立和维护的基因组数据库": 可访问 genome.ucsc.edu。

这一数据库的欧洲版是 Ensembl Genome Browser，网址是: www.ensembl.org。虽然我本人主要使用加州大学圣克鲁兹分校的数据库，但这只是个人偏好而已，这两个数据库都很棒，而且对任何感兴趣的人都免费开放。

"首篇关于胰岛素治疗的科学报告": 参见 Banting, F.G. et al. "Pancreatic Extracts in the Treatment of Diabetes Mellitus". *Canadian Medical Association Journal* 1922;12:141–6

那个并不矮的男孩

费城染色体: 彼得·诺威尔和戴维·亨格福德的这一发现，以及罗利和加森的发现，在很多地方都有描述，不过在墨尔本圣文森特医院（St Vincent's Hospital in Melbourne）的网站上有一篇极为详细的介绍细胞遗传学发展史的文章，里面提到了罗利和加森的发现。参见 stvincentsmedicalalumni.org.au/wp/wp-content/uploads/2017/11/2010-Egan-prize-joint winner_History-of-Cytogenetics-at-SVHM.pdf

"你体内的这些非人类细胞的数量完全不亚于你自身的细胞"：关于这一点还有不少争议，对这些细胞的数量也有很多不同的估计，我参考的是几年前发表的一项研究，参见 Sender R., Fuchs S., and Milo R. "Revised Estimates for the Number of Human and Bacteria Cells in the Body". *PLoS Biology* 2016;14(8）:e1002533— 可 以 在 doi.org/10.1371/journal.pbio.1002533 上免费获取这篇文章的资源。不过这一研究得出的结论可能是错误的。

"10^{16} 次细胞分裂"：这一数值大概属于"基于事实的乱猜"了。它的一个出处是"实用的生物数据库"（the database of useful biological numbers），由哈佛大学创办（但这一数据仍可能是错的）。参见 bionumbers.hms.harvard.edu/bionumber.aspx?s=n&v=10&id=100379

"你的 DNA 中存在 40—80 处突变……这些突变并不是你的双亲遗传给你的"：这至少是基于高质量的数据得出的，参见 Gómez Romero, L. et al. "Precise Detection of De Novo Single Nucleotide Variants in Human Genomes". *PNAS* 2018;115(21）:5,516–21

"最近的一项研究表明，通常情况下平均每次细胞分裂都会产生一个新错误"：参见 Milholland, B. et al. "Differences Between Germline and Somatic Mutation Rates in Humans and Mice". *Nature Communications* 2017;8:15,183

"他们的发现着实……令人不寒而栗":相关信息源自 Martincorena, I. et al. "High Burden and Pervasive Positive Selection of Somatic Mutations in Normal Human Skin". *Science* 2015;348(6,237):880–6

"玛丽·克莱尔·金博士率领的研究团队……把 BRCA1 的定位范围缩小到人类基因组第 17 号染色体上":参见 Hall, J.M. et al. "Linkage of Early-Onset Familial Breast Cancer to Chromosome 17q21". *Science* 1990:250(4,988):1,684–9

"1994 年 5 月,美国犹他大学的一个研究小组与英国剑桥大学的研究小组":参见 Albertson, H.M. et al. "A Physical Map and Candidate Genes in the BRCA1 Region on Chromosome 17q12–21". *Nature Genetics* 1994;7:472–9

"发表了该基因(BRCA1)的序列":参见 Miki, Y. et al. "A Strong Candidate for the Breast and Ovarian Cancer Susceptibility Gene BRCA1". *Science* 1994;266(5,182):66–71

"英国癌症研究所的迈克尔·斯特拉顿教授团队发表了 BRCA2 的序列":参见 Wooster, R. et al. "Identification of the Breast Cancer Susceptibility Gene BRCA2". *Nature* 1995;378:789–92

"万基遗传科技公司为该基因申请了一项专利":关于这一议题的来龙去脉有一篇很长但十分有趣的文章,参见 Gold, E.R. and Carbone, J. "Myriad Genetics: in the eye of the policy storm". *Genetics in Medicine* 2010;12(4 Suppl.):S39–S70
你可以访问 www.ncbi.nlm.nih.gov/pmc/articles/PMC3037261/ 免费获取这篇文章,它值得一读。

不确定性

"大多数夫妇的选择都是终止妊娠"：一份对 19 项关于人们在得到产前诊断结果后做出选择的研究的综述发现，对于特纳综合征（45, X）而言，平均有 76% 的夫妇会选择终止妊娠；对于 XXY，这一比值是 61%；XXX 和 XYY 则是 32%。这些研究来自 13 个不同国家，其中主要是发达国家。参见 Jeon, K.C., Chen, L-S, and Goodson, P. "Decision to Abort After a Prenatal Diagnosis of Sex Chromosome Abnormality". *Genetics in Medicine* 2012;14:27–38

大海捞针

"Knome 推出 24 500 美元的个人外显子组测序服务"：参见 MacArthur, D. "Knome Offers Sequencing of All of Your Protein-Coding Genes for $24500". *Wired* 10 May 2009. 可访问 www.wired.com/2009/05/knome-offers-sequencing-of-all-of-your-protein-coding-genes-for-24500/ 获取。

丹·斯多埃塞斯库：参见 Harmon, A. "Gene Map Becomes a Luxury Item". *The New York Times* 4 March 2008. 可访问 www.nytimes.com/2008/03/04/health/research/04geno.html 获取。

詹姆斯·沃森的基因组：描述沃森基因组的论文是《自然》杂志的开放获取期刊，参见 Wheeler, D.A. et al. "The Complete Genome of an Individual by Massively Parallel DNA Sequencing". *Nature* 2008;452:872–6。乔纳森·罗斯伯格是这篇论文的第一作者。可访问 www.nature.com/articles/nature06884 获取。

"对鱼类的研究也得出了非常相似的结论"：参见 Halligan,

D.L. and Keightley, P.D. "How Many Lethal Alleles?" *Trends Genet* 2003;19(2）:57–9

"丹麦 Rigshospitalet 医院的莫滕·奥勒森教授领导的研究"：参见 Refsgaard, L. et al. "High Prevalence of Genetic Variants Previously Associated with LQT Syndrome in New Exome Data". *European Journal of Human Genetics* 2012;20:905–8

同时参见 Andreasen, C. et al. "New Population-Based Exome Data are Questioning the Pathogenicity of Previously Cardiomyopathy Associated Genetic Variants". *European Journal of Human Genetics* 2013;21:918–28

"瓶子里的基因组"：获取关于瓶中基因组联盟（Genome in a Bottle Consortium，GIAB）的更多信息，可访问 www.nist.gov/programs-projects/genome-bottle

"肥厚型心肌病的基因检测包中通常都会包含 CACNB2 和 KCNQ1 这两个基因"：其实并不只有这两个基因。有一篇非常有用的论文对肥厚型心肌病的基因检测包中的一系列基因进行了专门研究，得出的结论是其中很多基因与该疾病间的关联要么十分有限，要么就是没有证据表明两者存在关联，参见 Ingles, G. et al. "Evaluating the Clinical Validity of Hypertrophic Cardiomyopathy Genes". *Circulation: Genomic and Precision Medicine* 2019;12:e002460，可访问 www.ahajournals.org/doi/10.1161/CIRCGEN.119.002460 免费获取这篇文章。

予我力量！

"地球上的生命的故事"：关于这个故事有一篇写得很好的文章，参见 Marshall, M. "Timeline: the evolution of life". *New Scientist* 14 July 2009，可访问 www.newscientist.com/article/dn17453-timeline-the-evolution-oflife/ 获取。

"第一个在人类历史上留下名字的人": Radiolab 节目的电视记者罗伯特·克鲁维奇曾写过一篇关于这个人的文章，参见 Krulwich, J. "Who's the First Person in History Whose Name We Know?" *National Geographic* 19 August 2015，可访问 www. nationalgeographic.com/science/phenomena/2015/08/19/whos-the-first-person-in-history-whose-name-we-know/ 获取。

"你可能走了两千米，看到除了人类还是人类": 这是按 33 年为一代人的保守估计，以及现代人类出现在大约 200 000 年前来计算的。你可以找到对这两个数字的各种估计。如果你假设 25 年为一代，而现代人类出现在 300 000 年前，那你可能走了四千米，看到的都是人类。

"线粒体过着属于自己的小生活": 这是一篇实实在在的"科学干货"，但如果你感兴趣的话，它读起来也十分有趣，参见 Sasaki, T. et al. "Live Imaging Reveals the Dynamics and Regulation of Mitochondrial Nucleoids During the Cell Cycle in Fucci2-HeLa Cells". *Scientific Reports* 2017;7:11,257

"随着年龄的增长，我们的线粒体中的突变也在累积": 参见 Bua, E. et al. "Mitochondrial DNA-Deletion Mutations Accumulate Intracellularly to Detrimental Levels in Aged Human Skeletal Muscle Fibers". *American Journal of Human Genetics* 2006;79(3）:469–80

"线粒体瓶颈": 参见 Khrapko, K. "Two Ways to Make a mtDNA Bottleneck". *Nature Genetics* 2008;40(2）:134–5，可访问 www.ncbi.nlm.nih.gov/pmc/articles/PMC3717270/ 免费获取这篇文章。

"一位 20 多年前在悉尼儿童医院看病的病人": 参见 Lim, S.C. et al.

"Mutations in LYRM4, Encoding Iron-Sulfur Cluster Biogenesis Factor ISD11, Cause Deficiency of Multiple Respiratory Chain Complexes". *Human Molecular Genetics* 2013;22(22）:4,460–73

"波林的故事": 我见过有类似经历的家庭，但这个故事中的具体突变负荷数值改编自大卫·索伯恩和他的同事报告的一个家庭，参见 Thorburn, D.R., Wilton L., and Stock-Myer, S. "Healthy Baby Girl Born Following Pre-Implantation Genetic Diagnosis for Mitochondrial DNA m.8993T > G Mutation". *Molecular Genetics and Metabolism* 2009;98:5–6

畸形学俱乐部

"后来的艺术创造对综合征的刻画愈加清晰": 参见 Bukvic, N. and Elling, J.W. "Genetics in Art and Art in Genetics". *Gene* 2015;555(1）:14–22

"移民延期病": 参见 Burger, B. et al. "The Immigration Delay Disease: adermatoglyphia-inherited absence of epidermal ridges". *Journal of the American Academy of Dermatology* 2011;64:974–80

"CATCH22······约翰·伯恩": 参见 Burn, J. "Closing Time for CATCH22". *Journal of Medical Genetics* 1999;36:737–8

艾瓦·斯德拉科娃: 参见 Vrtička, K. "Present-Day Importance of the Velocardiofacial Syndrome". *Folia Phoniatrica et Logopaedica* 2007;59:141–6

杰奎琳·努南: 参见 Opitz, J. "The Noonan Syndrome". *American Journal of Medical Genetics* 1985;21:515–18 这篇文章的作者就是很多综

合征名字里的那个约翰·奥皮茨。

朱利叶斯·哈勒沃尔登: 参见 Shevell, M. "Racial Hygiene, Active Euthanasia, and Julius Hallervorden". *Neurology* 1992;42:2,214–19

约翰·朗顿·唐: 参见 Down, J. "Observations on an Ethnic Classification of Idiots". *London Hospital Reports* 1866;3:259–62

"但在 20 世纪 60 年代甚至更晚以前，这种叫法十分普遍": 20 世纪 80 年代，在我还是一个医学生的时候，我记得教我们儿科学的医生就曾告诉过我们不要用"蒙古症"这个术语，这表明甚至在那个时候仍有人在使用这个词。

"斯特里克兰提出的这套规则": 参见 Rookmaaker, L.C. "The Early Endeavours by Hugh Edwin Strickland to Establish a Code for Zoological Nomenclature in 1842–1843". *Bulletin of Zoological Nomenclature* 2011;68(1):29–40

"Cantú 和他的团队表示他们不确定这是不是一种常染色体隐性遗传病": 参见 Garcia Cruz, D. et al. "Congenital Hypertrichosis, Osteochondrodysplasia, and Cardiomegaly: further delineation of a new genetic syndrome". *American Journal of Medical Genetics* 1997;69:138–51

"凯西·格兰奇据此得出了结论": 参见 Grange, D.K. et al. "Cantú Syndrome in a Woman and Her Two Daughters: further confirmation of autosomal dominant inheritance and review of the cardiac manifestations". *American Journal of Medical Genetics* 2006:140(5):1,673–80

生娃之道

"贺建奎利用 CRISPR 技术……重新编辑了两个婴儿的基因": BBC
对这一事件进行了大量报道,例如"China Jails 'Gene-Edited Babies'
Scientist for Three Years", 30 December 2019, 网址为 www.bbc.com/
news/world-asia-china-50944461

关于此类事件还有一篇写得很好的文章,参见 Lovell Badge, R.
"CRISPR Babies: a view from the centre of the storm". Development
2019;146:dev175778, 可访问 dev.biologists.org/content/develop/146/3/
dev175778.full.pdf 免费获取。

复杂性

儿童安全盖:详见加拿大医学名人堂网站: www.cdnmedhall.org/
inductees/henribreault

"凯尔西是一位了不起的女性":参见 Bren, L. "Frances Oldham
Kelsey: FDA medical reviewer leaves her mark on history". *FDA
Consumer March–April* 2001, 可访问 permanent.access.gpo.gov/lps1609/
www.fda.gov/fdac/features/2001/201_kelsey.html 获取。

《使不良药物远离市场的食品药物监督管理局"女英雄"》: *The
Washington Post* 15 July 1962

"有人曾提出疑问,即这种检测到底能在多大程度上准确评估这些
风险":伊桑·卡拉瓦尼等人写了一篇论文(*Cell* 2019;179(6):P1424–
1435.E8)详细批判了这种检验方法。这篇文章正式发表前的一个版本可
在 bioRxiv 网站免费获取,见 www.biorxiv.org/content/10.1101/626846v1.
full

"根据该公司开发这一检测所参考的研究报告": 参见 Lello, L et al. "Genomic Prediction of 16 Complex Disease Risks Including Heart Attack, Diabetes, Breast and Prostate Cancer". *Scientific Reports* 2019;9:15,286

一勺甘露糖 –6– 磷酸

杰西·基辛格: 科学史研究所（Science History Institute）网站上有一篇详细描述杰西·基辛格死亡事件来龙去脉以及产生的影响的文章，参见 Rinde, M. "The Death of Jesse Gelsinger, 20 Years Later". 4 June 2019，地址是 www.sciencehistory.org/distillations/the-death-of-jesse-gelsinger-20-years-later

《人类基因组计划毫无用处吗？》: 参见 Torrey, *E.F. Dallas Morning News* 13 October 2019

酶替代疗法: 美国国立卫生研究院历史办公室（Office of NIH History）网站有一篇很有趣的关于罗斯科·布雷迪这一研究的文章，见 history.nih.gov/exhibits/gaucher/docs/page_04.html

请筛查我

"在他去世之后，同事们为他写的悼词都字斟句酌": 详见 www.robertguthriepku.org/tributes/

"反对将其他遗传病纳入新生儿筛查的范围": 参见 Guthrie, R. "The Origin of Newborn Screening". *Screening* 1992;1:5–15

"第一次成功治疗苯丙酮尿症患儿的过程": 参见 Bickel, H., Gerrard, J., and

Hickmans, E.M. "Influence of Phenylalanine Intake on Phenylketonuria".
The Lancet 1953;265(6,790）:812–13

"1968 年，一位 29 岁的女性"：参见 Valenti, C., Schutta, E.J., and
Kehaty, T. "Prenatal Diagnosis of Down's syndrome". *The Lancet*
1968;2:220

"疟疾仍是一大杀手"：源自世界卫生组织 www.who.int/news-room/
fact-sheets/detail/malaria

以及全球疾病负担研究（Global Burden of Disease Study）—Roth,
G.A. et al. "Global, Regional, and National Age-Sex-Specific Mortality
for 282 Causes of Death in 195 Countries and Territories, 1980–2017: a
systematic analysis for the Global Burden of Disease Study 2017". *The
Lancet* 2018;392(10,159）:1,736–88

"以色列在这一方面是公认的世界领先者"：参见 Zlotogora, J. "The
Israeli National Population Program of Genetic Carrier Screening for
Reproductive Purposes. How Should It Be Continued?" *Israel Journal of
Health Policy Research* 2019;8:73

乔治·斯塔马托扬诺普洛斯：参见：Srivastava, A. et al. "A Tribute to
George Stamatoyannopoulos". *Human Gene Therapy* 2016;27(4）:280–6

致谢

　　我要感谢的人太多太多，没有他们也就不会有这本书。写这本书的时候恰逢我最为忙碌的一段时间，那段日子里，全心写作的我与家人聚少离多。一路走来，我的妻子苏，还有我的孩子们——谢默斯、雅丝敏和菲恩，一直给予我关爱和支持，我对他们的感激之情道不尽、说不完。特别是苏，过去七年，感恩有你为伴，今后无数个七年，还要与你共度。

　　我写这本书的契机，还要从我的朋友丹尼·斯尼克说起，是他把我介绍给了我这本书的代理人塔拉·怀恩。塔拉以及她的同事，柯蒂斯·布朗公司的凯特兰·库珀-特伦特都是很好的人，与她们的合作非常愉快。塔拉是我这本书最早的读者，为我提了很多宝贵的建议。于我而言，她既是出版代理，亦是我的写作导师。之后，塔拉把这本书推荐给了书记员出版公司，不仅如此，她和凯特兰一直都在不遗余力地为我争取更多机会。我真心希望可以与她们继续这样合作下去。

　　我也要感谢书记员出版公司的每一个人，特别是亨利·罗森布鲁姆（书记员出版公司的创始人，出版人）和他的团队，感谢他们愿意给予我这样一位新手作家如此宝贵的机会。我的编辑大卫·戈尔丁才华横溢，不仅帮我的书想了一个很好的名字，还为我打磨文章提出了无数宝贵的意见。他细致入微而又不失整体的把控，能够与他共事，我深感荣幸。这本书的封面由劳拉·托马斯设计——我越看越觉得爱不释手。米克·皮尔金顿是本书的设计和制作经理，发挥了统筹全局的重要作用：没有他，也就不可能有你此刻手里的这本书（如果你有实体书的话）。倘若没有市场部克里斯·格里森以及宣传部科拉·罗伯茨和他们团队的付出，你可能根本不会听说这本书。

　　很多人读过部分或完整的书稿。丹尼·斯尼克、谢默斯·柯克、萨拉·里盖蒂和迈克尔·巴克利读完了整本书的书稿，提出了许多中肯的意见。谢默斯还为本书第一章贡献了一句引言。还有很多人虽然没有读完整本书，但也为我提了很多有针对性的改进建议，与我分享了自己的阅读感受，让我受益匪浅，他们包括（排名不分先后）：科林·尼科尔斯、艾伦·马、雅基·拉塞尔、丽莎·布里斯托、奈杰尔·莱恩、马丁·德拉蒂奇、大卫·索伯恩、米歇尔·法勒、罗伯特·米切尔、艾琳·福布斯、瑞秋和乔纳森·卡塞拉，以及理查德·哈维。托尼·罗西奥利为我提出了一些及时而实用的关于保护病人隐私的建议。迈克尔和科林都为我指正了书中的一些科学性错误。尽管我已经尽力确保书中没有其他错误了，但万一有的话，那也完全是我的问题，与所有这些帮助过我的人无关。米歇尔·法勒为我上了一堂关于肌卫星细胞的课，让我收获颇丰。菲恩·柯克指出，从草莓中提取 DNA 要比从洋葱中提取更容易，效果也更好，所以我更换了第二章中的食谱。

　　在我写作这本书的时候，"麦肯齐的使命"项目的志愿者招募工作也在如火如荼地进行。借此机会，我想感谢所有一直以来为这一项目贡献力量的人。我们项目委员会有 80 多位成员，其中有的是调查人员，有的扮演着其他关键角色，除了他们，还有无数以各种形式为这一项目做出贡献的人，没有他们的辛勤付出，也就没有今天"麦肯齐的使命"的成功。在这里我要特别感谢我们的执行团队：我的同事马丁·德拉蒂奇和奈杰尔·莱恩，我们的项目协调员杰德·卡鲁阿纳，以及澳大利亚基因组学健康联盟的项目经理蒂芙尼·布特伍德。这一项目目前由该联盟相关机构负责执行，掌舵者是国际知名儿科医生、临床遗传学家凯瑟琳·诺斯，她也是我们指导委员会的一员。当然，还有瑞秋和乔纳森·卡塞拉，没有他们，这一切都不可能实现，特别是瑞秋，她为这个项目贡献了太多太多，担任指导委员会成员是其中之一。在新南威尔士州，我想特别提一下我们的行政主管萨拉·里盖蒂，如果没有她，2019 年也许会完全将我压垮；还有我们的遗传学顾问柯尔斯顿·博格斯、露辛达·弗里曼和克里斯汀·巴洛-斯特瓦特；以及新南威尔士州健康病理学兰德威克基因组学实验室的所有成员，特别是科里纳·克利夫、比安卡·罗德里格斯、娜塔莉亚·斯米坦卡、古斯·特尼斯、朱瑛、贾尼斯·弗莱彻、托尼·罗西奥利和迈克尔·巴克利。谢谢你们。

图书在版编目（CIP）数据

基因宇宙 /（澳）埃德文·柯克著；张庆美译 . -- 成都：四川文艺出版社，2022.2
ISBN 978-7-5411-6226-8

Ⅰ . ①基… Ⅱ . ①埃… ②张… Ⅲ . ①人类基因 – 普及读物 Ⅳ . ① Q987-49

中国版本图书馆 CIP 数据核字 (2021) 第 267766 号

著作权合同登记号 图进字：21-2021-367

Copyright © EDWIN KIRK 2020

JI YIN YU ZHOU

基因宇宙

［澳］埃德文·柯克 著

张庆美 译

出 品 人	张庆宁
出版统筹	刘运东
特约监制	吕中师
责任编辑	李国亮　孙晓萍
特约策划	吕中师
特约编辑	李文彬　刘玉瑶
封面设计	卷帙设计　QQ:2649486699
责任校对	汪 平

出版发行　四川文艺出版社（成都市槐树街2号）
网　　址　www.scwys.com
电　　话　010-85526620

印　　刷　天津鑫旭阳印刷有限公司
成品尺寸　145mm×210mm　　开　本　32开
印　　张　8　　　　　　　　字　数　230千字
版　　次　2022年2月第一版　印　次　2022年2月第一次印刷
书　　号　ISBN 978-7-5411-6226-8
定　　价　48.00元